GONGYUAN
CHENGSHI

公园城市
景观绩效评价与实证研究

郭仲薇 ○ 著

西南财经大学出版社
Southwestern University of Finance & Economics Press

中国·成都

图书在版编目(CIP)数据

公园城市景观绩效评价与实证研究/郭仲薇著.
成都:西南财经大学出版社,2024.7. --ISBN 978-7-5504-6324-0

Ⅰ. TU986.2

中国国家版本馆 CIP 数据核字第 2024098W6R 号

公园城市景观绩效评价与实证研究
GONGYUAN CHENGSHI JINGGUAN JIXIAO PINGJIA YU SHIZHENG YANJIU
郭仲薇 著

策划编辑:何春梅
责任编辑:李 才
助理编辑:陈进栩
责任校对:邓嘉玲
封面设计:何东琳设计工作室
责任印制:朱曼丽

出版发行	西南财经大学出版社(四川省成都市光华村街55号)
网 址	http://cbs. swufe. edu. cn
电子邮件	bookcj@ swufe. edu. cn
邮政编码	610074
电 话	028-87353785
照 排	四川胜翔数码印务设计有限公司
印 刷	成都国图广告印务有限公司
成品尺寸	170 mm×240 mm
印 张	14.25
字 数	241 千字
版 次	2024 年 7 月第 1 版
印 次	2024 年 7 月第 1 次印刷
书 号	ISBN 978-7-5504-6324-0
定 价	88.00 元

推荐语

　　在公园城市建设领域，当前最重要的问题已经不是"该不该""对不对"与"能不能"，而是对"怎么看""怎么办"与"好不好"的积极探寻。学界对公园城市景观绩效的研究难以满足快速发展的客观实践需求，郭仲薇老师的最新力作，进一步延伸了该领域的理论体系与学术研究，形成了自身的研究特色和方向。期待读者通过阅读本书，更加关心和支持这一领域的发展。

　　　　——胡绍中（四川大学艺术学院艺术设计系主任，四川大学锦江学院
　　　　　　　　　　艺术学院院长，四川省工艺美术学会设计委员会主任）

　　坚持党的领导是建设公园城市的灵魂，强化系统思维是建设公园城市的关键，贯彻问题导向是建设公园城市的抓手，坚持人民至上是建设公园城市的核心，统筹人城境业是建设公园城市的精髓。本书聚焦国家发展需要、时代深刻转变、人民真实要求与市场实际需求，牢牢把握公园城市景观绩效评价的历史演进与发展趋势，将把握历史发展规律与掌握时代主动相统一，将厘清历史进程与思想进程相融汇，求真务实、实事求是，针对前沿性学术话题进行了深度研究。

　　　　——刘传锋（济南市市政工程设计研究院（集团）有限
　　　　　　　　　　责任公司党委书记，工程技术应用研究员）

　　公园城市作为全面体现我国新时代发展理念的城市发展高级形态，是城市可持续发展建设的新模式，具有普惠全民生活品质的价值。对公园城市进行综合效益评价是公园城市发展的必然趋势。郭仲薇老师的新作通过对国内外相关研究进行系统综述，明确了公园城市景观绩效评价的目的和意义，在分析研究我国公园城市建设高地——天府新区公园城市示范区建

设的基础上，探索性地构建了其景观绩效评价体系并进行了实证，为处于相同发展阶段的其他城市提供了先行先试的宝贵经验，有利于城市聚能增效探索高质量发展之路。

——尚红（山东建筑大学教授，高级工程师，中国风景园林学会规划设计分会理事、中国风景园林学会园林植物与古树名木分会理事，山东省住建厅专家委员会委员）

将中国经验与中国智慧推向世界，是当代每一位中国学者的共同责任。若你真正走进公园城市的多彩世界，我想你不会不惊叹于那些生动理论所产生的神奇魅力，不会不沉醉于对公园绿地美妙景致的绵长回味，不会不感动于无数研究者与建设者的辛勤奉献。作为公园城市建设的一线实践者，我真切地感受到郭仲薇老师对于该领域的求知、求索与求实之精神，让我们的思绪随她一同在这条生机盎然的绿色发展之路上纵情奔跑。

——邱寒（中国市政工程西南设计研究总院有限公司第八设计研究院副院长，高级工程师）

序　言

　　从城市发展史的视角看，追求"山水人城和谐相融"的城市营造目标，是从农业社会、工业社会到信息化社会演变的时间长河中不断探索出来的。在确立这个目标之前，人类社会曾在城市发展建设中付出过不可估量的代价。时至今日，建设"公园城市"以满足新时代社会转型的需求，实现人民群众对美好生活的向往，已然成为政界与学界的共识。

　　成都作为中国西部地区的超大城市和成渝地区双城经济圈的极核城市，生态本底良好、社会和谐兴旺、历史文脉悠久、发展活力强劲，在公园城市建设方面具备独特优势和坚实基础。随着《成都建设践行新发展理念的公园城市示范区总体方案》《成都建设践行新发展理念的公园城市示范区行动计划（2021—2025 年）》等系列文件相继出台，成都市不断加快基于生态城市发展理念、社会经济与价值体系的深刻转型，着力健全现代治理体系、增强公园城市治理效能，致力于在 2035 年全面完成公园城市示范区建设。届时，成都作为"园中建城、城中有园、推窗见绿、出门见园"的公园城市示范区，必将走在中国乃至世界城市发展的前列。

　　然而，公园城市发展理念方兴未艾，尚未形成完整的理论体系，因此每一步的探索都弥足珍贵，每一次的实践都有收获。将先发理念与城市实践相结合，持续总结梳理公园城市示范区建设的成功经验，向世界展示中国人民营建"美好生活幸福家园"的开拓探索，是当代每一位中国学者的共同责任。《公园城市景观绩效评价与实证研究》一书，通过长期观察与深度调研，引入景观绩效的研究方法，以景观绩效系列评价体系为参照，初步构建了涵盖环境、社会、经济三个维度，适应于公园城市理念指导下的绿地景观绩效评价体系。同时基于一线实践经验，以"公园城市"的首提地——兴隆湖公园为例，梳理出兴隆湖公园的三个维度绩效评价指标，并提出可持续设计手法和后续优化方向。该研究以小见大、见微知著，不仅可以增进理论认知、丰富公园城市领域的研究，而且对公园城市实践具有极大的应用价值。该书在材料提炼与文字写作上有三个显著特点：一是立足天府，特色鲜明，言简意赅；二是理论扎实，案例丰富，详略得当；三是数据翔实，分析精妙，图表清晰。

本书的作者郭仲藏老师与我相识已久，她年轻而富有朝气，有青年学者难能可贵的宽阔视野、人民情怀和时代使命感，立志将研究成果写在祖国的大地上，写在中华民族伟大复兴的征程中。总体而言，该书将历史性、创新性、科学性与人民性有机统一，理论基础坚实、研究特色鲜明、适用性较广、实用性较强，不仅能为公园城市建设领域的政策制定、行业发展与企业管理提供参考依据，还对风景园林学研究领域的从业者、研究者、科技人员与普通群众具有一定的指导意义，极具阅读价值。

胡昂①

2024 年 6 月 30 日

---

① 胡昂，日本工程院外籍院士、东京大学教授。

前　言

习近平总书记在四川天府新区兴隆湖畔首次提出公园城市理念，既是顺应新时代我国社会主要矛盾转化，决胜第二个百年伟大征途的战略部署，也是适应扎实推进共同富裕的历史阶段，增强中心城市和城市群等经济发展优势区域的经济和人口承载能力的必由之路。天府新区作为践行新发展理念的公园城市先行示范区，公园城市建设如火如荼。公园绿地是公园城市至关重要的组成部分。然而，作为一种城市建设新理念、新模式，目前公园城市在公园绿地层面的评价标准尚不规范，规划设计策略尚不明确，系统研究范式尚不细致。

本书立足于新发展阶段建设公园城市的时代潮头，通过细致梳理国内外相关研究成果，充分汲取景观绩效研究方法的合理内核，基于天府新区公园绿地典型特征和发展要求，构建了公园城市景观绩效评价体系，以公园城市理念"首提地"——兴隆湖公园为突破口，尝试为我国其他地区公园绿地建设提供理论借鉴、经验复制与实践参考。

本书开篇追本溯源了生态文明建设、城市环保事业、天府新区发展与循证设计范式的"前世今生"，细致梳理了景观绩效评价和公园城市建设的过往研究，分析研究了天府新区公园绿地的建设背景、发展历程和建设特征，丰富、更新了天府新区公园绿地的相关研究。在此基础上，遵循理论性与实践性、科学性与易行性、回溯性与前瞻性、完备性与简明性、心态性与文态性相结合的基本原则，结合国内外多种景观绩效评价体系，吸纳了数十位景观、生态、规划与经济领域专家学者的建议，构建了涵盖环境、社会、经济三个领域，包含17个一级因子和108项量化指标的天府新区公园绿地景观绩效评价体系，从而使得公园绿地景观效益更加可感知、可量化、可视化。与此同时，利用该评价体系对公园城市理念"首提地"、天府新区极具代表性的兴隆湖公园进行了细致的实证分析，基于功能定位和场地特征选取了各项景观绩效指标，以施工图纸、设计文本和遥感影像等数据资料为基础，先后多次对兴隆湖公园进行实地调研与问卷访谈，经过细致整理、量化和分析最终得到了兴隆湖公园的环境绩效、社会绩效和经济绩效，以此来验证评价体系进行实践项目评价时的具体表现，力图加快形成有中国气派、中国风度、中国智慧的景观绩效评价新体系。

研究发现，在环境绩效方面，兴隆湖公园的可持续特征主要表现为雨洪管理、创造栖息地、净化空气、缓解城市热岛效应；在社会绩效方面，兴隆湖公园的可持续特征主要表现在娱乐与社交价值、健康优质生活、教育价值、风景质量和交通便捷性等方面；在经济绩效方面，兴隆湖公园的可持续特征主要表现在周围地段经济价值的提升以及带动周边经济发展。基于实证分析结果，本书提炼总结出兴隆湖公园在水生态处理、雨洪管理和以湖集产带城上具有推广性的可持续设计手法，而后针对其在水质、防洪、植物多样性、公共服务设施等方面的不足，汲取宾夕法尼亚彭斯伍德村、佛罗里达车厂公园、辽阳衍秀公园与伦敦湿地公园的合理内核，定位再对标，优势再认识，短板再聚焦，思路再优化，围绕环境、社会、经济三大领域提出了优化改进策略。本书在篇尾总结了对天府新区公园绿地研究、公园城市景观绩效评价体系构建和兴隆湖公园景观效益研究所获得的主要研究结论，归纳了关于理论体系与研究方法的不足之处，并对公园城市理念下的天府新区公园绿地景观绩效评价体系的完善和深化进行了未来展望。

郭仲薇

2024 年 7 月 15 日

目　录

上篇　新城绿梦

下篇　行胜于言

上篇

新城绿梦

第一章 绪论

"九天开出一成都，万户千门入画图"。公园城市理念与行动充分彰显了"坚持党的领导"的重大意义，既是马克思主义生态理论在中国的最新发展，也是习近平生态文明思想的最新成果，还是共建清洁美丽地球的实际行动，这将对全球可持续发展做出重大贡献。本章共分为四节，重点从四个方面论述了本书的研究背景，提出了研究目的与研究意义，点明了研究对象，描述了研究的主要内容，阐述了本书的研究方法，最后指出了研究的创新点与结构框架，试图探寻城市可持续发展的全新方案。

第一节 缘起：理念与背景

一、生态文明理念深入人心

习近平总书记在党的二十大报告中指出，"大自然是人类赖以生存发展的基本条件。尊重自然、顺应自然、保护自然，是全面建设社会主义现代化国家的内在要求。必须牢固树立和践行绿水青山就是金山银山的理念，站在人与自然和谐共生的高度谋划发展"。建党百年来，中国共产党人始终高度重视生态文明问题，将生态环境保护视为决定国家与民族长久健康发展的必由之路。公园城市发展理念作为习近平总书记关于生态文明建设理论的最新成果，具有坚实而深厚的历史底蕴。

在新民主主义革命时期，中国共产党早期领导人不断丰富发展绿色理念。在《北京市民应该要求的新生活》一文中，李大钊（1919）同志率先提出"设备适于清洁的厕所，应该添设"，"妨害卫生及清静的工厂，不许设在住宅区域附近"等一系列环境保护设想。陈独秀同志也曾痛心疾首地指出国内环保事业面临的严峻态势，"公共卫生，国无定制，痰唾无禁，粪秽载途"。在社会主义革命和建设时期，以毛泽东为主要代表的中国共产党人对生态文明理念持续固本立基。毛泽东（1956）同志通过总结生态领域的经验教训，提出了应当重视植树造林、兴修水利，防止水土流失的重要指示，提出了"绿化祖国"的伟大号召；在《一九五六年到一九六七年全国农业发展纲要（草案）》中指出，要在 12 年内，绿化一切可能绿化的荒地、荒山；在《论十大关系》中明确指出，"天上的空气，地上的森林，地下的宝藏，都是建设社会主义所需要的重要因素"。1958 年 8 月，毛泽东在北戴河扩大会议上正式作出了"园林化"的要求，"要使我们祖国的山河全部绿化起来，要达到园林化，到处都很美丽，自然面貌得到改变。种树要种好，要有一定的规格，不是种了就算了，株行距，各种树种搭配要合适，到处像公园，做到这样，就达到共产主义的要求"。与此同时，中国积极参与全球环保事业，派出了在恢复联合国合法席位后规模最大的代表团，参加了 1972 年 6 月在瑞典斯德哥尔摩举行的人类环境会议；1973 年，周恩来同志亲自主持和领导召开了第一次全国环境保护会议，大会通过了《关于保护和改善环境的若干规定（试行草案）》，将环境保护写入《中华人民共和国宪法》，同时成立各级环境保护机构，制定了一系列生态法律法规，通过了我国环境保护工作的三十二字方针，即"合理规划、合理布局、综合利用、化害为利""依靠群众、大家动手、保护环境、造福人民"。这一时期，周恩来同志提出环境保护要坚持"预防为主"的原则，认为这不仅是为了防治环境污染，而且是社会主义制度优越性的重要体现，提出"我们一定要重视环境保护问题，我们是工业化刚刚起步的一个国家，我们不能走工业发达国家的一些老路，避免出现西方一些工业发达国家环境污染的情况，如果做不到这一点，社会主义制度的优越性怎么体现出来？还怎么能称得上是社会主义国家？"1974 年，国务院环境保护领导小组及其办公室正式成立，新中国历史上第一个环境保护机构就此诞生，加快推进了全国环境保护工作的开展，努力实现经济效益、社会效益和生态效益的统一。

在改革开放和社会主义现代化建设新时期，中国共产党对生态文明理念不断丰富发展。以邓小平同志为主要代表的中国共产党人，将党和国家的工作重心从阶级斗争转换到经济建设上来，在改革开放初期即着手实施"三北防护林"建设工程，在 1979 年制定《环境保护法（试行）》，开我国生态环境保护法律制度的先河，环境保护相关专项立法也同步展开。在

1983 年 3 月参加义务植树时，邓小平同志指出，"植树造林、绿化祖国，是建设社会主义、造福子孙后代的伟大事业，要坚持二十年，坚持一百年，坚持一千年，要一代一代永远干下去"；同年，在国务院召开的第二次全国环境保护会议上，"环境保护作为中国的一项基本国策"正式提出。与此同时，环境保护组织机构建设不断完善，于 1982 年组建城乡建设环境保护部，内设环境保护局；1984 年 5 月，国务院环境保护委员会成立；1988 年，国务院直属的国家环境保护局宣告成立，我国环境保护事业制度化进程明显加快。以江泽民同志为主要代表的中国共产党人将可持续发展战略作为我国经济发展的战略之一，努力开创生产发展、生活富裕和生态良好的文明发展道路。同时，将可持续发展战略写入《中共中央关于制定国民经济和社会发展"九五"计划和 2010 年远景目标的建议》，提出"必须把社会全面发展放在重要战略地位，实现经济与社会相互协调和可持续发展"，"九五"时期，全国已建成超 390 个多学科门类齐全的环境保护科学研究机构，在岗科研人员超两万名；将保护环境视为实施可持续发展战略的关键，"保护环境就是保护生产力"，"自觉去认识和正确把握自然规律，学会按自然规律办事"等一系列重要论述相继提出；并于 1998 年，将国家环境保护局正式升格为国家环境保护总局。在 2002 年 4 月的博鳌亚洲论坛首届年会上，朱镕基同志指出，"中国目前对环境保护空前重视，环保投入也是空前的"，"中国不仅对自己负责，也对世界负责"。以胡锦涛同志为主要代表的中国共产党人积极顺应基本国情与世界大势，充分结合国内外最新理论成果与实践要求，在党的十六届三中全会上提出了科学发展观，要求"坚持以人为本，树立全面、协调、可持续的发展观，促进经济社会和人的全面发展"，要求基本形成节约能源资源和保护生态环境的产业结构、增长方式、消费模式，生态文明观念在全社会牢固树立。温家宝同志在第六次全国环境保护大会上提出，"提高人民群众的生活质量和健康水平，必须加强环境保护。生态环境的好坏，直接关系到人民群众的生活质量和身心健康"。在党的十七大上，胡锦涛同志明确指出，"建设生态文明，基本形成节约资源和保护生态环境的产业结构、增长方式、消费模式"，生态文明理念和实践进一步丰富。2008 年 3 月，中华人民共和国环境保护部正式组建，环保工作进入了国家政治经济社会生活的主干线、主战场和大舞台。同时，党中央围绕推动经济社会又好又快发展，转变经济发展方式，优化产业结构，以提高资源利用效率为核心，以节能、节水、节地、资源综合利用和发展循环经济为重点，建立了节能降耗、污染减排的统计监测和考核体系，持续完善有利于资源能源节约和保护生态环境的法律和政策，加快建设环境污染监管制度，逐步建立健全了生态环保价格机制和生态补偿机制。

在中国特色社会主义新时代，以习近平同志为核心的党中央对生态文明理念不断提质增效，习近平生态文明思想正式确立，集中体现为"十个坚持"①，系统回答了"为什么建设生态文明、建设什么样的生态文明、怎样建设生态文明"等重大理论和实践问题，成为中国共产党领导全国人民持之以恒探索生态环境保护和绿色发展理论和实践的最新成果，体现了马克思主义自然观、生态观，传承和弘扬了中华优秀传统生态文化，凸显了"绿色"理念在两个一百年征途中的重要地位。党的十八大以来，习近平总书记高度重视生态文明建设，提出"从道法自然、天人合一的中国传统智慧，到创新、协调、绿色、开放、共享的新发展理念，中国把生态文明建设放在突出地位，融入中国经济社会发展各方面和全过程，努力建设人与自然和谐共生的现代化"。以习近平同志为核心的党中央把生态文明建设作为统筹推进"五位一体"总体布局和协调推进"四个全面"战略布局的重要内容，对于党的十八届五中全会提出创新发展、协调发展、绿色发展、开放发展、共享发展的新发展理念，制度出台频度之密、覆盖涉及范围之广、生态治理力度之大、监管执法尺度之严、环境质量改善速度之快前所未有。2018 年 3 月，中华人民共和国生态环境部正式成立，"三个统一"② 的大生态格局焕然一新；第十三届全国人民代表大会第一次会议通过《中华人民共和国宪法修正案》，将生态文明正式写入国家根本法，实现了党的主张、国家意志、人民意愿的高度统一。2020 年 9 月，在第 75 届联合国大会上，习近平总书记正式提出中国 2030 年实现碳达峰、2060 年实现碳中和的庄严承诺，12 月在气候雄心峰会进一步宣布提升国家自主贡献的一系列新举措，得到国际社会高度赞誉和广泛响应，中国已经成为全球生态文明建设的重要参与者、贡献者和引领者。2021 年 7 月，全国碳

---

① "十个坚持"：坚持党对生态文明建设的全面领导，坚持生态兴则文明兴，坚持人与自然和谐共生，坚持绿水青山就是金山银山，坚持良好生态环境是最普惠的民生福祉，坚持绿色发展是发展观的深刻革命，坚持统筹山水林田湖草沙系统治理，坚持用最严格制度最严密法治保护生态环境，坚持把建设美丽中国转化为全体人民自觉行动，坚持共谋全球生态文明建设之路。

② "三个统一"：统一行使全民所有自然资源资产所有者职责，统一行使所有国土空间用途管制和生态保护修复职责，统一行使监管城乡各类污染排放和行政执法职责。

市场正式开市，同年 10 月，中共中央、国务院印发的《关于完整准确全面贯彻新发展理念做好碳达峰碳中和工作的意见》以及《2030 年前碳达峰行动方案》，充分显示了中国坚定不移走绿色低碳发展的现代化道路的道路自信、理论自信、制度自信、文化自信。习近平总书记提出的"绿水青山就是金山银山"，"保护生态环境就是保护生产力，改善生态环境就是发展生产力"，"生态兴则文明兴，生态衰则文明衰"，"人与自然是生命共同体"，"山水林田湖草沙是不可分割的生态系统"，"共同构建地球生命共同体"，"要以生态文明建设为引领，协调人与自然关系"，"要尊重自然、顺应自然、保护自然，探索人与自然和谐共生之路，促进经济发展与生态保护协调统一"，"我们要解决好工业文明带来的矛盾，把人类活动限制在生态环境能够承受的限度内"，"要像保护眼睛一样保护生态环境"等一系列重要论述，已成为全国各族人民践行生态文明理念、建设美丽中国的重要指引，开辟了人类可持续发展理论和实践的全新图景。

二、城市环境保护理念历久弥新

一部城市环境保护发展史，就是一部追求美好生活的奋斗史。以史为鉴，早在古希腊时期，古希腊哲学家赫拉克利特（Heraclitus）就认为，"思想是最大的优点，智慧就在于说出真理，并且按照自然行事，听自然的话"，苏格拉底（Socrates）提出了城邦和城市生活自然发展的理念，亚里士多德（Aristotle）则认为，"人们来到城市是为了生活，人们居住在城市是为了生活得更好"。从城市诞生伊始，"城市让生活更美好"就是人类不懈追求的重要目标。在罗马共和国与罗马帝国时期，盖乌斯·普林尼（Gaius Plinius）的《自然史》、西塞罗（Cicero）的《控维勒斯》以及维特鲁威乌斯（Vitruvius）的《建筑十书》，充分展现了古罗马人对城市环境保护的高度关注，通过法律禁止废物的非法排放、铅的使用等具体行为规范，在保护城市居民个人利益的同时，对生态环境保护也产生了间接的法律效果。虽然这一时期对环境保护的法律干预只是局部的、片面的，但是古罗马人对城市环境保护问题的关注视角、制度设计和实践经验，仍然对近现代城市环境保护产生了超越时空的影响。在中世纪中晚期，西欧国家在不同程度上出现了森林减少及生态环境破坏等问题，城市环境污染具体表现在屠宰业、制革业产生的废弃物，人们向河流中倾倒垃圾造成的水污染，城市居民乱丢废弃物和垃圾，随地大小便造成城市环境污染等，各国当局尤其是英国和意大利北部的各城市共和国都采取了积极措施加以控制，如保护森林的立法，保护水源、空气以及城市环境的立法等。

随着工业革命的快速推进，城市污染主要表现为日益严峻的空气污染与水污染，马克思主义者始终认为，不以伟大的自然规律为依据的人类计划，只会带来灾难。卡尔·马克思（Karl Marx）曾经深刻论述了环境保护问题的本质，认为保护环境就是保护人类自身，早在《1844年经济学哲学手稿》中就明确指出，"人靠自然界生活"，"人本身是自然界的产物，是在自己所处的环境中并且和这个环境一起发展起来的"。在分析了造成生态危机的根源后，强调从解决社会问题出发，逐步消除人与自然关系的异化。针对美索不达米亚、希腊、小亚细亚等地毁坏森林的现象，弗里德里希·恩格斯（Friedrich Engels）也曾做出警示，"我们不要过分陶醉于我们人类对自然界的胜利。对于每一次这样的胜利，自然界都对我们进行报复"。恩格斯曾举例说明，在阿尔卑斯山居住的意大利人，在山南坡砍光了在北坡被十分细心保护的森林，他们没有预料到，这样一来就把区域里的高山畜牧业基础同时摧毁了；他们更没有预料到，这样做竟使山泉在一年中的大部分时间内枯竭了，而在雨季又使更加凶猛的洪水倾泻到平原上。

西方发达国家的城市景观从"雾都"逐渐转变为今天的"田园牧歌"，在实践上直接得益于19世纪中叶到20世纪中后期的环境保护运动，在理论上可以追溯至19世纪末以功能主义和机器美学原理为基础的城市理论。1843年，英国利物浦市首次使用税收打造了伯肯海德公园（Birkenhead Park），并免费向所有人群开放，标志着全球首个城市公园的诞生。19世纪中叶，弗雷德里克·奥姆斯特德（Frederick Olmsted）设计的纽约中央公园首次将公园与城市相结合，试图为城市居民打造舒适的公共空间和放松身心的游憩地，认为景观体验可以有效缓解城市的人工感受和生活压力。奥姆斯特德在其著作《公园与城市扩建》中指出，城市要有足够的呼吸空间，要为后人考虑，城市要不断更新为全体居民服务的思想。英国社会学家埃比尼泽·霍华德（Ebenezer Howard，1902）在《明日的田园城市》中，将生态、生产和生活三者并列，提出了"田园城市"（Garden City）概念，将城市、农村和田园城市比作三块不同的磁石，遵循有助于城市的发展、美化和方便的基本原则，希望以田园城市理论作为解决城市污染、交通拥堵等工业革命带来的"城市病"问题，限制城市无限扩张、改善城市环境质量的重要手段，以建立中心城、卫星城为形式，促进城乡融合发展，最终构建出乡村与城市有机结合的新型城市，形成经济生态有机体。1933年，法国建筑大师勒·柯布西耶（Le Corbusier）通过城市功能分区，绘出"光辉城市"的蓝图，试图通过明确功能分区、打造中心绿地、建筑底层透空与棋盘式道路布局，为人类创造充满阳光的现代化生活环境。

二战结束后，随着大城市常住人口的高速增长，城市郊区化的速度显著加快，城市土地的开发、利用、废弃与退化程度日益深重，不断消耗着城市的绿色空间，城市环境矛盾暗流涌动。这一时期，森林城市、花园城市、生态城市、山水城市等城市发展建设新理念与新模式层出不穷。"森林城市"通常指的是在市中心或市郊地带，拥有较大森林面积或森林公园的城市或城市群。"花园城市"，也称为"园林城市"，指环境优美、花木繁盛、景色如花园的城市，其基本内涵是在城市规划和设计中融入景观园林艺术，使得城市建设具有园林的特色与韵味。1952年，英国规划设计大师刘易斯·凯博（Lewis Keeble）在《城乡规划的原则与实践》一书中，全面阐释了当时风靡西方的理性主义规划思想，集中反映了城市规划中的理性程序，即"现状调查—数据统计分析—提出与评价方案—方案选定—工程系统规划"五个环节。

20世纪60年代以来，西方国家多次爆发了大规模游行示威活动，旨在揭露环境污染事件，更加注重"非物质价值""提高生活质量"和"自我价值实现"，呼吁普通民众重视生态环境保护，要求政府和企业尽快出台新的举措以防止生态环境持续恶化与城乡环境持续割裂，环境保护与城市规划问题得到前所未有的关注。这一时期，资本主义发达国家相继颁布了《生活环境保护法》，对城市生活环境保护有了明文规定；1969年，英国政府颁布的《住宅法》突出强调了城市居民体验的重要性。随着简·雅各布斯（Jane Jacobs）、大卫·多夫（Paul Davidoff）、约翰·罗尔斯（John Rawls）、大卫·哈维（David Harvey）、曼纽尔·卡斯泰尔斯（Manuel Castells）、约翰·弗雷德曼（John Friedman）等学者学术讨论的深入，政策实践亦不断发展，1965年美国提出了现代都市计划，1969年英国颁布《地方政府补助法案》进行城市更新以提升居住环境，1969年美国国会批准了《国家环境政策法案》。20世纪70年代，著名的环保运动先驱组织——罗马俱乐部在1972出版了《增长的极限》（Donella Meadows）一书，给资本主义传统的发展模式敲响了警钟，并预言世界将面临生态崩溃的风险，掀起了世界性的环境保护热潮。1987 年，挪威前首相、世界环境与发展委员会主席格罗·哈莱姆·布伦特兰夫人（Gro Harlem Brundtland）在《我们共同的未来》（Our Common Future）这一报告中，首次提出当今全球普遍认可的"可持续发展战略"，即"在不危及后代人需求的前提下满足当代人的需求"。这一时期，联合国教科文组织（UNESCO）在"人与生物圈计划"中提出了"生态城市"（Eco-City）概念，价值取向上向"人类中心主义"靠拢，主要包括可持续发展、健康社区、能源充分利用、优良技术、生态保护等构成要素。较之田园城市、森林城市与园林城市概念，生态城市更加注重城市生态系统的承载能力，是一种对城市生态协调运转的新尝试（史云贵和刘晴，2019）。

新世纪以来，西方主要发达国家的政策制定者与规划设计者，对城市环保事业的认识不断加深，对城市公园系统的规模和尺度进行了扩大，大范围掀起了立足于城市公园系统的绿网、绿道、绿色基础设施建设，显著提升了城市生态环境保护水平和生态空间建设水平。2021 年 7 月 12 日，联合国气候变化框架公约缔约方大会（COP）主席阿洛克·夏尔马（Alok Sharma），在生态文明贵阳国际论坛开幕式上宣告，人们若想要避免出现极端恶劣气候，就应该多关注自然生态健康，节能减排与绿色生活，不能竭尽自然资源，单纯纵情享乐。2021 年 11 月 18 日，联合国环境规划署（UNEP）与联合国人居署（UN-Habitat）联合发布了《全球环境展望（城市版）：向绿色和公正的城市转型》报告，将城镇化视为环境变化的主要驱动力之一，并呼吁采取紧急行动，旨在为建设环境友好的可持续发展型城市提供可行性方案，以实现具有韧性、可持续性、包容性和公正性的净零循环城市，将城市环境保护事业提升至前所未有的新高度。

中华优秀传统文化中蕴含着"天人合一"的生态观与自然观，为新发展阶段城市环境保护提供了理论基础。在先秦时期，姬昌"天地交，泰。后以裁成天地之道，辅相天地之宜，以左右民"，管仲"为人君而不能谨守其山林菹泽草莱，不可以为天下王"，老子"人法地，地法天，天法道，道法自然"，孔子"子钓而不网，弋不射宿"，墨子"甘井近竭，招木近伐"等论述内涵丰富、影响深远，孟子"数罟不入洿池，鱼鳖不可胜食也；斧斤以时入山林，材木不可胜用也"，庄子"天地与我并生，万物与我为一"，荀子"草木荣华滋硕之时，则斧斤不入山林，不夭其生，不绝其长也"。在漫长的封建社会中，董仲舒"质于爱民，以下至于鸟兽昆虫莫不爱"，佛教禅宗"物我同根""物我为一"的思想，司马光"取之有度，用之有节，则常足；取之无度，用之无节，则常不足"，张载"天地之塞，吾其体；天地之帅，吾其性"，朱熹"赞天地之化育"，王阳明"仁者以天地万物为一体"，王夫之"愚谓在天者即为理，不可执理以限天"等论述坚持节约优先、保护优先、自然恢复为主的基本方针，充分展现了环境保护理念跨越时空的永恒魅力。中国传统城市把自然环境作为城市构图的要素，城市选址多在山水交汇处，天然地具备自然山水要素，依据"顺应自然，趋利避害""因地制宜，因材适用"的原则，借此形成浑然天成的山水城市。同时，中国古代城市十分注意城市内部景观的营造，例如，隋唐长安城充分发挥东西向六条高坡的作用，布置宫殿、寺观、官衙等重要建筑物，从城市空间和景观上都极大地丰富了城市建筑的空间环境营造和视觉效果，利用凹陷地带开辟湖泊，在宽阔的街道两旁广植槐树，苑囿体系健全，环境清新雅致。同时，高度重视城市环境保护的立法工作，《韩非子·内储上说》记载，"殷之法，刑弃灰于公道者断其手"；《唐律疏议》规定但凡有人私自占用公众的街道或栽种树木的处以鞭笞五十，并须将街道复原，在街道上乱扔垃圾、乱泼脏水要受到杖刑的惩罚；北宋仁宗嘉祐二年（1057年）置街道司，掌修治京城道路以奉乘舆出入，掌京城洒扫街道、修治沟渠；《大明律》规定"凡侵占街巷道路而起盖为园圃者，杖六十，各令复旧"。

　　鸦片战争后，伴随着资本主义的生产力与生产关系的涌入，中国城市化进程不断加快，重点大城市和通商口岸城市人口激增，中西方各领域交流显著增多，西方城市环境保护思想开始传入中国。其中主要源于以下三类：一是清政府派往西方国家游历的官员与驻外使节，记载了其所到国家尤其是所在城市的环境风貌；二是西方列强根据不平等条约，在中国通商口岸建立租界，在租界内为殖民者整治城市环境；三是留学生归国后，开始重视整治城市环境问题。王韬在《漫游随录》中写道，"西人最喜种树，言其益有五：一为气清，令人少病；二为阴多，使地不干燥；三为落其实可食；四为取具材可用；五为可多雨不患旱干。故伦敦街市间有园有林。人家稍得半弓隙地、莫不栽植美荫。郊原尤为繁盛，盛暑之际，莫不得浓荫而休憩焉"。黎庶昌在《西洋杂志》中指出，"西洋都会及近郊之地，其中必有大园圃，多者三四，少亦一二，皆有公家特置，以备国人游观，为散步舒气之地。圃中广种树木，间莳花草。树荫之下，安设凳几，或木或铁，任人休憩。间有水皋，以备渴饮。又有驰道，可以骑马走车。有池，可以泛舟"。张德彝曾随蒲安臣使团出使欧美，参观了法国巴黎等大城市的下水道，在《欧美环游记》中写道，"城中地道，系运通城污秽之物以达江海。上置筒管，通各间巷，两旁有墙，下有轨道，纯以铁石建造。所有工匠乘坐车船，可以往来"（徐建平，2013）。此外，西方殖民者认为部分租界地区环境水平低、水质恶劣，公共卫生问题严重，于是在租界内不同程度整治环境，企图为殖民者创造良好生活环境。一是通过植树改善生态环境，如光绪二十四年（1898 年），德国殖民者在胶州湾租界内设青岛山林场，征收官有及无确实证据之民有山地，并收买有关水源及风景之民地实行造林，在雨多土薄处成水平带状贴草皮；二是清扫垃圾，维护租界卫生，如《上海英法美租界租地章程》规定，工部局必须随时打扫租界内一切街道以及街道两侧之行人道，以维持市容整洁；三是集中处理粪便，如同治六年（1867 年），公共租界工部局同粪便承包商签订粪便承包责任合同；四是建设污水处理系统，如从同治元年（1862 年）伊始，上海公共租界排水系统工程全面铺开，工部局相继在广东路、河南路、苏州路延伸工程，在老跑马场、福建路、江西路、南京路等路段铺设了下水道。1868年，在上海公共租界建造的"公花园"（Public Park，现今黄浦公园）成为中国第一座公共园林，其功能特点、规划布局、营建理念对我国的城市公园建设产生了深远影响。民国时期，由于战乱频繁，对城市环境保护的制度与政策缺乏连贯性，《土地法》（1930 年）、《森林法》（1932 年）与《狩猎法》（1932 年）等零星环境立法也未能得到贯彻落实。但是，这一时期民众的环保意识有逐渐增强的趋势，城市水利事业的修建、公共卫生基础设施的建设、城市园林绿地的维护、城市林业资源的保护及其他与生态环境资源相关的保护工作都取得了一定进展与成效。

新中国成立以来，我国的城市环境保护事业实现了历史性转变，完成了历史性跨越，取得了一系列重大进展。面对新中国成立之际百废待兴的复杂局面，中国共产党人高度重视城市环保事业，在 1949 至 1952 年间，全国修建排水管沟 1 037 千米，清除垃圾约 2 000 万吨，城市的卫生面貌得到了极大改观。1958 年 12 月，针对解决我国城市环境面貌的问题，适时提出了"大地园林化"的口号，一度作为城市园林和大地绿化建设的指导思想。1973 年 8 月，第一次全国环境保护会议的召开标志着城市环境保护规划的正式起步，当前已经历了起步、探索、发展、提高、创新五大发展阶段。1984年，钱学森在致《新建筑》编辑部的信中提出"构建园林城市"设想。1990年，钱学森提出建设山水城市的建设目标，把中国的山水诗、词、画和古典园林建筑融合在一起，打造山水相依、山水融合的诗意城市（王香春，王瑞琦，蔡文婷，2020），"城市规划立意要尊重生态环境，追求山环水绕的境界"。此外，吴良镛（2001）、孟兆祯（2002）等学者相继提出从公园绿地建设出发引导城市格局建设的新模式。刘滨谊（2005）提出，当前和未来景观学面临的三大社会需求如下：一是环保与生态化；二是城市化；三是游憩与旅游化。理论的发展不断推动实践的进步，中国城市环境保护从早期的"三废"治理，到重点污染城市治理，到"三河三湖二区一市一海"，到污染物总量削减，到环境质量改善，到三大行动计划和污染防治攻坚战，城市环境综合整治力度不断加大，既从新区开发与老区改造"两手抓"，也从加强基础设施、推广清洁燃烧技术以及生产生活等诸方面提升城市污染防治能力。1992年开始，住房城乡建设部组织开展园林城市创建工作。2004年，住房城乡建设部启动国家生态园林城市创建工作。党的十八大以来，中国的城市环境保护实现了历史性、转折性、全面性的跨越，并于2017年党的十九大提出了2035年基本实现美丽中国目标。2015年12月，在中央城市工作会议上习近平总书记明确了中国城市工作总体思路，即"尊重、顺应城市发展规律"，提出"科学规划城市空间布局，实现紧凑集约、高效绿色发展""统筹规划、建设、管理三大环节，提高城市工作的系统性"一系列重要论述，并取得了一系列突出进展（见表1-1）。时隔37年，"城市工作"再次上升到中央层面进行专门研究部署。在2017至2021年间，全国地级及以上城市细颗粒物浓度下降25%，优良天数比例上升4.9个百分点，重污染天数下降近四成。中国的城市环境保护正在进入一个以降碳为重点战略方向、推动减污降碳协同增效、促进经济社会发展全面绿色转型、实现生态环境质量改善由量变到质变的关键时期，全面开启了建设人与自然和谐共生的现代化、蓝天碧水净土绿地美丽中国的新征程，为构建人类命运共同体、建设美丽地球家园做出新的更大贡献。

表 1-1 "十三五"时期全国城市基础设施建设园林绿化领域主要进展

指标名称	单位	2015 年	2020 年	增长幅度
建成区绿地面积	万公顷	190.8	239.8	25.68%
建成区绿地率	%	36.36	38.24	1.88 个百分点
人均公园绿地面积	平方米/人	13.35	14.78	10.71%

资料来源:《"十四五"全国城市基础设施建设规划》。

三、天府新区公园城市建设蔚然成风

党和国家领导人高度重视公园城市建设,积极探索城市高质量发展新路径。2016 年 4 月 25 日,李克强在兴隆湖畔视察,提出"要做新经济核心区,新动能拓展区,打造四川发展新引擎"的明确要求。2018 年 2 月 11 日,习近平总书记视察四川天府新区兴隆湖公园时,首次提出了"公园城市"理念,指出"天府新区是'一带一路'建设和长江经济带发展的重要节点,一定要规划好建设好,特别是要突出公园城市特点,把生态价值考虑进去,努力打造新的增长极,建设内陆开放经济高地","一个城市的预期就是整个城市就是一个大公园,老百姓走出来就像在自己家里的花园一样"。2018 年 4 月 26 日,习近平总书记在湖北省武汉市主持召开深入推动长江经济带发展座谈会并发表重要讲话,讲话中提到,"我去四川调研时,看到天府新区生态环境很好,要取得这样的成效是需要总体谋划、久久为功的"。2018 年 10 月 9 日,相关领导考察天府新区规划建设情况时指出,"城市规划建设要贯彻新发展理念,真正实现'多规合一',重视'留白',为可持续发展留足空间。要按照高质量发展的要求,加快建设现代化经济体系,大力实施创新驱动发展战略,在培育新动能和改造提升传统动能上迈出更大步伐"。2020 年 4 月 8 日,相关领导在成都市建设践行新发展理念的公园城市示范区工作座谈会上提出,要创建创新引领的活力城市、协同共荣的和谐城市、生态宜居的美丽城市、内外联动的包容城市和共建共享的幸福城市,要突出高标准规划、高品质建设、高质量发展、高水平开放和高效率治理。党的十九届五中全会对"十四五"时期生态文明建设和生态环境保护的主要目标、总体要求、重点任务作出了决策部署,以生态文明建设为着力点,持续发力,力求进一步改善生态环境,夯实生态安全屏障,有效提升人民的居住环境,成为公园城市理念的坚实支撑。

2022年5月9日，四川省委书记王晓晖到成都市调研，在天府新区规划厅平台远眺西部（成都）科学城建设，了解成都建设践行新发展理念的公园城市示范区情况，提出"积极抢抓推动成渝地区双城经济圈建设等国家战略机遇，加快建设践行新发展理念的公园城市示范区，持续提升极核功能，增强辐射带动能力，为全面建设社会主义现代化四川贡献更多成都力量"。

随着经济社会发展目标函数和约束函数发生的历史性系统变化，建设公园城市的探索深入展开，政策实践推陈出新。2020年1月，中央财经委员会第六次会议召开，明确提出"支持成都建设践行新发展理念的公园城市示范区"。2020年12月，四川省委、省政府印发《关于支持成都建设践行新发展理念的公园城市示范区的意见》。2021年10月，党中央、国务院在《成渝地区双城经济圈建设规划纲要》中要求成都"以建成践行新发展理念的公园城市示范区为统领"。2022年1月，国务院批复同意成都"建设践行新发展理念的公园城市示范区"，示范区将"促进城市风貌与公园形态交织相融，着力厚植绿色生态本底、塑造公园城市优美形态，着力创造宜居美好生活、增进公园城市民生福祉，着力营造宜业优良环境、激发公园城市经济活力，着力健全现代治理体系、增强公园城市治理效能，实现高质量发展、高品质生活、高效能治理相结合，打造山水人城和谐相融的公园城市"。2022年2月，国家发展改革委、自然资源部、住房城乡建设部联合印发《成都建设践行新发展理念的公园城市示范区总体方案》，公园城市建设从蓝图变为现实，不断提质增效，持续纵深发展。2022年5月，成都市正式发布《成都建设践行新发展理念的公园城市示范区行动计划（2021—2025年）》，提出推进实施27个方面69项具体行动措施，以新发展理念为"魂"、以公园城市为"形"，为成都更好把握时代机遇、破解发展难题、厚植发展优势，提供了行动指引。

公园城市理念作为新发展阶段城市公园绿地建设的指导思想，将"两山理论""人民城市"的指导思想以及"城乡统筹""城市双修"等城乡规划领域的内容整合，与现有规划体系、政策方针进行补充，是新时代对人民美好生活诉求的回应。在规划方式上，采用"公园+"的基本范式，以城园融合发展为具体思路，立足于城市发展的整体视野，突出"四大转变"①，将不同形态、不同规模、不同类别的公园介入，以园聚人，构建绿色生态环境基底，进而推动"开窗见绿、推门见景、出门见园"的进程，优化绿色空间，进行场景营造，不断满足人民群众对美好生活的向往。公园城市理念深入贯彻了以生态文明引领、以人民为中心和生命共同体的生态文明发展观念，公园绿地对实现可持续发展发挥着关键作用。与此同时，公园城市理念强调将"城市中的公园"升级为"公园中的城市"，并提出了"千园"的建设目标。在这一时代浪潮下，成都市坚持历史逻辑、理论逻辑与现实逻辑相统一，从生态、社会、文化、政治和经济等多维度对公园绿地的"质"和"量"提出了更高诉求，将绿地景观价值提升为多元的复合价值。高绩效的公园绿地是实现生态自然资源治理、全绿提质和打造融合城市功能的公园综合体的重要内容，对实现"人、城、境、业"高度和谐的公园城市发展目标具有关键作用，是构建高质量人居环境的重要媒介，是城市迈向高质量发展的必由之路，彰显了"城在绿中、园在城中、城绿相融"的大美城市形态，为可复制可推广的"中国之治"贡献了新的理论成果与实践创新。

四、循证设计方法成为重要手段

循证设计（Evidence-Based Design，EBD）最初来源于西方循证医学（Evidence-Based Medicine，EBM）对医疗环境治疗效果的假设与猜测（Sackett et al.，2000；Stichler and Hamilton，2008），英国流行病学家、循证医学的奠基人阿奇·科克伦（Archie Cochrane）于 1972 年出版的《疗效与效益：健康服务中的随机反映》一书成为循证医学诞生的标志，书中率先提倡在医学临床实践中应当采用严谨的研究范式来评价分析实验结果，利用可靠的科研成果来为临床治疗提供依据。循证设计出现的标志，则是美国学者罗杰·乌尔里希（Roger Ulrich）于 1984 年在《自然》期刊发表的《窗外的风景可以影响外科手术患者的术后恢复》一文，文中首次运用科学取证的方法论证风景对于医院患者治疗的改善作用，循证设计是在循证医学和环境心理学的基础上诞生的全新设计方法。汉密尔顿（D. Klrk

---

① "四大转变"：营城路径从"城市中建公园"向"将全城建设为一座大公园"转变，发展方式从"增量主导的外延式发展"向"增存并重的内涵式发展"转变，发展逻辑从"产—城—人"向"人—城—产"转变，治理方式从"空间建设型"向"空间治理型"转变。

Hamilton）于 2004 年在美国建筑协会医疗分会杂志上首次界定了循证设计的定义，后续又进一步修改、完善形成了学界的定义标准，即"循证设计是通过慎重、准确和明智地应用当前所获得的来自研究和实践的最佳证据，与知情的客户共同针对每个具体和独特的项目制定出关键的决策的整个过程"（Hamilton and Watkins，2009）。因此，与传统经验设计不同，循证设计是一个过程，是关于"研究→设计→再研究→再设计……"的永续设计过程。循证设计使得设计过程与结果更加严谨、理性，从而促进工程设计实践显得更加科学（肖洪未，2021）。循证设计是关于科学理性的一种方法论，也是一种设计新范式，并非旨在探索新的设计理念，而在于努力探寻科学的设计方法与依据，关键在于运用定量和定性相结合的方法进行证据检索、证据分类、证据应用和效果评价。

从理论内涵来看，循证设计是一种重视证据的观念和思考方式，核心思想在于遵循最佳证据，旨在突破传统以规范为依据，依靠个人经验和主观臆断的设计方式。重视积累和循环应用证据的设计模式，从而确保设计决策有理可依，有据可查。循证设计的内涵实际上可以概括为"预设目标—系统论证—设计预测—检验评估"的科学理性思想（肖洪未，2021），其哲学基础为实证主义，有别于演绎或规范性设计，针对多样化或复杂化的项目开展科学性研究的具体设计。与传统经验主义不同的是，循证设计更加注重设计决策依据的客观性与科学性，因而成为一种科学严谨的研究方法与设计模式。循证设计通常针对事物发展的关键步骤，比如，"如何获取设计证据""如何检验评估所预测的结果"。对于纯物质空间的设计实践，开展循证设计需要结合相关实验进行多种设计方案比较，在"研究—取证—决策—设计—建造—评估"的循环中，设计的可靠性与科学性不断提升。

从应用过程来看，循证设计是将研究者、设计者、管理者、设计对象在同一个设计框架中关联整合，由设计师、用户、开发商及项目相关主体经过充分的互动，在深入研究及借鉴相关项目经验或成果基础上，共同开展项目最佳设计方案的工作过程，其所遵循的最佳证据的原则体现了设计的科学性、民主性和技术性。其实践应用的基本过程为：从实际需求出发，总结项目的核心问题，然后收集和借鉴类似项目中最有价值的信息作为设计依据，通过针对性研究取得富有成效的研究成果，然后将以上证据通过整合、分析、评价、检验等手段综合形成针对核心问题的最优解决方案。在循证设计的过程中，由于证据质量参差不齐，需要对其进行分类和筛选。在寻找发展相应研究的证据的过程中，不仅通过定性分析、定量研究等方法，更需要结合研究实际，获得与证据相应的适应性、科学性与高效性。可以说，循证设计最关键的步骤就在于证据的评价与分级，核心内容是针对特定问题对各类研究成果进行系统评价，得到最佳证据，再对各类可能证据进行排序，结合现实条件制定科学决策。整体而言，循证设计主要强调应用科学的研究方法指导设计的过程，包括设计前期的数据收集与分析、建设后的设计效果评估。

景观是人与自然关系在大地上的烙印，风景园林学作为一门依据循证的学科，相较于建筑学与规划学等姊妹学科，在诸多项目建设上至今仍普遍欠缺科学性、合理性与系统性的全流程建设模式。具体而言，风景园林学通常缺乏对于规划设计阶段及建成后阶段综合效益的可靠评价，对诸多落后于时代浪潮、综合效益低下、规划思路陈旧的设计手段形成了路径依赖，而真正合理有效的路径也因未能做出合理的价值判断而被束之高阁，各方主体在实践中通常依靠经验进行决策。近年来，随着理论的逐渐完备与实践的迫切需求，循证设计在景观领域的发展与应用日臻完善（Li P，Liu B，and Gao Y，2018；Yang B et al.，2015）。对于景观设计领域而言，公众应有主动参与风景园林设计的渠道，借此呈现出适合大众化且真实有效的效果。由于景观设计存在着一定程度的主观性、发散性与偶然性，同时存在着诸多不可控的外生变量，因而景观设计领域的研究愈加重视准实验法。景观设计领域的定量数据和定性数据作为循证设计中基础的内容要平等对待，在判断数据或研究的好坏时，要重视证据的信度及效度。美国学者 D·柯克·汉密尔顿（D. Klrk Hamilton）和戴维·H·沃特金斯（David H. Watkins）共同出版了《循证设计：各类建筑之"基于证据的设计"》一书，以坚持循证设计理论作为观念与方法的普适性为前提，将循证设计理论从片面的医疗建筑设计拓展到了包括学习、商业、办公、科研、教育等其他类型的景观设计领域。同年，美国健康设计中心也推出了循证设计认证，旨在为通过考试的相关专业人员授予证书，相关著作陆续出版，循证设计数据库不断丰富完善。景观领域的循证设计在我国的发展历程大致可以划分为三个阶段：第一阶段（2007—2012 年），起点标志为王一平与张巍在 2007 年全国高等学校建筑院系建筑数字技术教学研讨会的相关著述，这一阶段的相关研究成果多为循证设计的理论研究与相关成果或策略的解读；第二阶段（2012—2015年），这一时期逐渐出现了循证设计在建筑设计相关领域的实践应用研究，且相关研究成果的比例开始逐渐增加；第三阶段（2015年至今），我国相关的自主研究成果开始增加，循证设计在中国的发展趋势脉络逐渐清晰，国内外关于循证设计流程的对比研究、实践应用等理论成果层出不穷。

风景园林的效益评估可追溯至20世纪60年代兴起的使用后评价（Post-occupancy Evaluation，POE）。20世纪70年代末，以人为本的设计理念成为设计行业的价值共识，POE在西方国家得到快速的发展。风景园林学科的研究和实践机构也积极探索如何将POE运用到日常的案例研究当中。直到20世纪80年代，POE的评价目标和评价对象得到了扩展，风景园林的POE从对使用者行为心理的调查分析逐步发展为具有标准化流程、覆盖多元化效益的普适性评价手段。但使用后评价的评价内容一般针对项目本身的设计目标，在评价内容和评价标准的选择上往往带有主观性，缺少对风景园林实践的综合效益的系统化评价。20世纪90年代，为了遏制全球环境持续恶化的态势，可持续发展成为人居环境建设的核心理念。可持续发展强调经济、社会与环境的协调发展，因此，人们对于风景园林效益的认知也逐渐趋于统一。得益于价值判断的共识，风景园林效益评估由单方面的主观判断逐渐转向系统化的评价体系构建，这种体系化的评价方法有利于对风景园林项目整体效益的认知（刘喆，欧小杨，郑曦，2020）。

景观绩效评价凭借其全面性、协同性与可持续性等内在特征，可为学科的循证设计提供技术支撑（见图1-1），不但成为学者和设计师研究和使用的热门，而且逐渐被广泛运用于具体项目的规划设计中，成为解决快速城市化阶段生态、经济与社会协调发展的重要措施。景观绩效评价的核心要义在于指导设计决策，通过设计前后景观绩效的对比，不仅能较为准确地评判设计方案的优劣，还能显著提升景观的绩效水平。应以与时俱进的景观绩效评价体系来适应当代风景园林学科发展中研究领域不断深化精化泛化的特点，构建满足多类型、多功能景观空间需求的绩效评价体系。

公园绿地作为城市绿地系统中的重要组成部分，系统科学地评价公园绿地所产生的景观绩效，不仅有助于提升未来规划设计的决策效率，有效应对日益多元化的设计目标，而且加强了实证研究与学科实践间的关联，为形成循证设计体系筑牢根基（刘喆，欧小杨，郑曦，2020）。

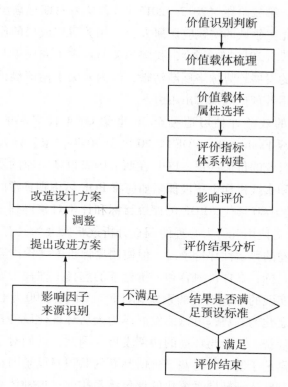

图 1-1　基于循证设计的景观绩效评估框架

第二节　公园城市景观绩效评价目的与意义

一、研究目的

"公园"作为公园城市协调人与自然关系、促进城市与自然共同发展的核心工具，其重要地位不言而喻。而公园绿地的规划设计与更新改造涉及环境、社会、艺术、经济和工程技术等相关领域，是一项复杂的系统工程，需要科学的理论及方法论指导其高质量发展。在公园城市理念指引下，高品质、精细化、有活力、普惠性的公园绿地景观及丰富的配套附属设施不仅发挥着提升环境水平的作用，也极大地延伸了人民群众的活动范围和活动层次，充分体现了"公共"和"公平"的价值核心。本书立足新发展阶段，在建设公园城市示范区的时代背景下，顺应行业未来发展趋势，契合天府新区公园绿地建设要求，在定性分析的基础上努力创设针对天府新区公园绿地的景观绩效评价指标体系，使得其景观可持续效益更加可视化、可量化，以期为地方政府开展该领域的决策提供基础资料，也为相关研究、规划与设计实践提供切入点。并利用该评价体系对已建成的天府新区代表性公园绿地、公园城市理念"首提地"——兴隆湖公园进行综合性的景观绩效评价，以此来验证评价体系在实践项目评价时的具体表现，提取可推介的可持续设计手法，针对现存不足提出优化策略，以期为兴隆湖公园的优化更新乃至公园城市进程中更大范围、更宽领域、更深层次的公园绿地建设提供一些建议和参考，促进公园绿地实现多元效益的协调发展。

与此同时，本书充分结合公园城市理念，通过对天府新区公园绿地建设、布局、使用和需求现状等特征的提取，以丰富并更新针对天府新区公园绿地的相关研究，以期减少未来公园绿地规划建设与管理运行的主观性、模糊性及不确定性。

二、研究意义

（一）理论意义

从理论研究来看，公园城市理念以生态文明为引领，推动城市实现"两山理论"实践重要探索。长期以来"重建设、轻运营"的管理模式已经和新发展理念严重脱节，应以与时俱进的景观绩效评价体系来适应当代风景园林学科发展中研究领域不断深化泛化的特点，构建满足多类型、多功能景观空间需求的绩效评价体系。具体而言，本书的理论意义主要体现在以下四个方面。

其一，从理论内涵的阐释方面而言，本书着重从生态文明理念与城市环境保护视域下概述了公园城市理念的形成背景，以成都的探索实践为切入点论述了公园城市理念的演进历程，创新性地提出了公园城市的概念与界定。列宁指出，"真理只是在它们的总和中以及它们的关系中才会实现"。对于公园城市理念的认识、解读、运用与实践，既不能只从生态环境视域进行单维考量，也不能不算社会账与经济账，要充分运用历史唯物主义与辩证唯物主义，结合社会基本矛盾在当代中国的具体表现，在发展运动中提升认识水平，强化实践创新。

其二，从理论体系发展方面而言，本书着眼于构建人与自然和谐发展新格局，在公园城市背景下的公园绿地研究中引入了景观绩效的手法，进行可持续性视角下环境、社会和经济效益的度量。国内现有针对景观绩效评价的研究侧重于评价模型的建构方法和过程，缺乏针对建设成果的实证评价。通过景观绩效研究，可以明确并量化景观的可持续特征，不仅有利于未来创造高质量公园绿地，而且有助于实现城市发展新模式探索的目标。

其三，从发展模式演进方面而言，本书以天府新区公园城市建设历程中极具代表性的公园绿地为研究对象，通过对兴隆湖公园的实证研究，研究其景观绩效的评价内容和方法，既在景观理论层面上丰富了公园城市建设背景下公园绿地实践现状的研究，也为公园城市建设提供了中微观层面的景观设计参考，丰富了景观绩效的案例数据库，提供了可参考借鉴的发展路径。

其四，从实践发展带来的新要求来看，研究公园城市背景下景观绩效评价问题，对于相关政策制定具有重要指导意义。不仅有利于完善我国风景园林事业与城市规划事业的制度建设，为建设人民城市、满足人民群众对美好生活的向往提供科学理论支撑，还有利于与国际景观绩效评价研究接轨，既为正确调整和优化公园绿地规划建设政策提供理论依据和指导，也为世界城市更新与人居环境改善事业贡献中国智慧与中国方案。

（二）现实意义

城市建设的本质是人类对自然环境占有和改造的过程，也是人类对自身赖以生存的自然生态环境的认识与适应过程。从古至今，公园绿地作为城市建设中的重要组成部分，其高质量发展不仅取决于人类对公园绿地的认知和定位，还取决于城市的规划和建设理念。随着全球城市化的加速发展和城市病的日益突出，探索出未来可持续发展城市模式，已经成为亟待解决的时代命题。具体而言，本书的现实意义主要体现在以下四个方面。

其一，有助于加快推进公园城市建设。对于处于快速发展时期的天府新区，探寻因地制宜的景观绩效评价体系，细致分析实践发展过程中的痛点、堵点、难点，不仅有利于科学有效地指导该地区绿地建设，加快现实问题的应对与解决，而且能有效增强人民群众的参与感、体验度与获得感，保障新项目和新规划不落伍、有效率、真管用。

其二，有助于满足人民群众日益增长的美好生活需要。民惟邦本，本固邦宁。坚持以人民为中心,是党百年来一以贯之的工作理念。陈旧的景观设计规划理念已经无法满足人民群众当前的现实需求,必须及时全面认清和系统把握人民群众对公园绿地的多元化、个性化的新需求,特别是当前人民群众复杂而又具体的利益新诉求,全面总结系统归纳提升策略,从而满足城市居民日益增长的人居环境需求。

其三,有助于公园绿地的提质增效。研究通过景观绩效对兴隆湖公园景观建成后的实际效果进行评价,在彰显其内在价值的基础上,发现其不足之处并提出解决方案,将会显著提升公园自身的维护、更新水平。并为类似项目的统筹开发部门与规划师提供了设计方案建成后更为直观的环境、社会、经济绩效案例证据,既为其提供合理高效的可行性解决方案,也为各类市场主体和发展模式的选择提供了科学依据。

其四,有助于完善公园绿地规划设计过程。研究为景观绩效评价体系充分融入天府新区公园绿地的规划设计奠定了科学基础,通过规划设计前后系统的景观绩效评价,量化规划设计所产生的具体环境效益、社会效益与经济效益,使得目标成效更加可量化、可视化,其建设经验不乏代表性与典型性,研究结果的横向可比性与纵向发展性日益重要。

第三节　公园城市景观绩效评价对象、内容与方法

一、研究对象

本书的研究对象为中国第 11 个国家级新区——天府新区,实证研究对象为"公园城市"理念首提地——兴隆湖公园。天府新区位于四川省成都市中心城区以南,由天府新区成都片区及天府新区眉山片区共同组成,区域范围涉及成都、眉山两市所辖 7 县(市、区),31 个镇、街道,其中成都片区包括了天府新区成都直管区全境以及成都市高新区、双流区、龙泉驿区、新津区、简阳市的部分地区,眉山片区包括了眉山市彭山区的青龙街道、锦江镇,眉山市仁寿县的视高街道、高家镇、贵平镇、龙马镇、北斗镇,规划总面积 1 578 平方千米,其中成都直管区面积 564 平方千米(见表 1-2)。

表 1-2 四川天府新区规划范围

涉及地市	涉及区（县、市）	涉及乡、镇、街道
四川天府新区	成都高新区*	石羊街道、桂溪街道、中和街道
四川省成都市（天府新区成都片区）	双流区	东升街道、华阳街道**、万安街道、兴隆街道、正兴街道、煎茶街道、籍田街道、新兴街道、太平街道、永兴街道、西航港街道、黄甲街道、怡心街道、黄龙溪镇、永安镇、黄水镇**
	龙泉驿区	龙泉街道、大面街道、东安街道、柏合街道、山泉镇
	简阳市	贾家街道、丹景街道***、高明镇、武庙镇
	新津区	普兴街道
	彭山区	青龙街道、锦江镇
四川省眉山市（天府新区眉山片区）	仁寿县	视高街道、高家镇、贵平镇、龙马镇、北斗镇

资料来源：作者根据公开资料整理。

注：* 成都高新区是非国家法定行政区，所辖街道均为托管性质。石羊街道、桂溪街道隶属于武侯区；中和街道隶属于双流区；成都高新区桂溪街道只涉及益州、双源、双和三个社区，石羊街道只涉及新南社区；** 双流区华阳街道仅涉及剑南大道南段（元华路）以东的范围，黄水镇仅涉及胜利片区；*** 丹景街道包含三岔湖水域，2020 年 5 月 6 日，天府新区简阳片区 191 平方千米委托给成都东部新区管理。

　　践行新发展理念的公园城市示范区建设，是天府新区从自身资源禀赋出发，顺应超大城市治理规律和人民群众对美好生活向往的内在要求，加快推进城市发展方式、领导工作方式、经济组织方式、市民生活方式、产业布局方式、社会治理方式等的全方位变革。依托优越的生态本底，将天府新区建设成为宜业宜商宜居的生态型新区，公园绿地将在其中发挥至关重要的作用。本书首先通过综合研判，分析制定了公园城市理念下天府新区公园绿地的景观绩效评价指标体系，并以兴隆湖公园为例，研究该公园的具体绩效表现和可持续特征。选取兴隆湖公园作为实证研究对象，主要基于以下三个原因。

　　其一，在规划定位上，兴隆湖公园在公园城市建设中高度契合公园城市发展理念，在发展理念和实践中具有重要地位。兴隆湖公园位于天府新区核心区——成都科学城，是天府新区"三纵一横两轨两湖"重大基础设施项目之一，一直作为成都市规划建设的重点，被誉为天府新区内的"生态之肾"。

其二，在规划方式上，兴隆湖公园采用城市新区开发"公园+"模式，让绿色生态和创新生态相叠加，贯彻"以业引人、以城聚人、以境融人"的理念，为构建集生态环境的综合性城市公园综合体打下坚实的基础，立志于打造"公园城市"示范样板。习近平总书记也曾高度评价过兴隆湖的生态治理成果和沿湖产业规划建设情况。因此，对其景观绩效研究具有一定的借鉴和推广价值。

其三，在功能特点上，兴隆湖公园的绿地类型典型，功能定位综合。从风景园林学角度考量，兴隆湖公园紧邻滨水廊道，周边被多个湿地及公园包围，是一个兼具城市化的休闲娱乐空间与天然化的生态环境空间的综合系统。同时，兴隆湖及其周边生态区作为一个综合性水生态治理项目，聚焦生态、防洪、灌溉、景观建设，生态作用突出，社会和经济效益明显，绿地类型较为典型，是天府新区绿地系统的重要组成部分，是天府新区公园绿地中极具代表性的案例，因此，对其景观绩效进行研究具有一定代表性参考价值。

二、结构内容

本书的研究内容主要分为以下四个部分。

其一，景观绩效理论研究。界定了公园城市、景观绩效和公园绿地这三个基本概念，梳理了国内外景观绩效评价相关体系、评价因子和评价方法等，同时总结分析了对天府新区公园绿地和天府新区公园城市建设的研究成果，为本书奠定了坚实的理论基础，起到切入研究的作用。

其二，天府新区公园绿地基础研究。首先梳理了天府新区公园绿地的建设背景、发展状况以及建设、布局和使用特征等，明确了天府新区公园绿地空间典型特征和使用需求偏好。

其三，公园城市理念下天府新区公园绿地景观绩效评价体系构建。在完成对天府新区景观绩效评价的理论研究与基础研究后，通过案例研究，提取 LPS 相应指标，并结合其他体系如可持续场地倡议（Sustainable Sites Initiative，SITES）评价体系、能源与环境设计先锋（Leadership in Energy and Environmental Design，LEED）评价体系以及国内主流的评价指标体系，结合公园城市建设目标及天府新区绿地系统相关规划，参考相关领域专家的意见，筛选出适用于天府新区公园绿地的景观绩效评价指标和指标量化方法，得到综合的景观绩效评价指标体系。

其四，兴隆湖公园景观绩效评价分析。本书选取公园城市相关实践中极具代表性的天府新区兴隆湖公园作为研究案例，根据其功能定位选取相应的绩效指标，结合遥感影像和施工技术图纸进行现场调研，依次进行环境、社会和经济三个方面的综合评价分析，提取可持续性特征，并对标国内外优秀景观案例，研判未来发展路径，针对现有不足提出优化策略。

三、研究方法

本书在研究过程中，主要采用了以下七种研究方法。

（一）案例研究法

案例研究法（Case Study method）是景观绩效评价研究实施过程中采取的一种基本研究方法，对于推动景观绩效的研究发挥着重要的作用（林广思，黄子芊，杨阳，2020）。2011年，由美国的风景园林基金会（Landscape Architecture Foundation，LAF）实施的景观绩效系列研究计划（Landscape Performance Series，LPS）和正式启动的案例研究调查（Case Study Investigation，CSI）作为两个相辅相成的项目，迅速在全球范围内传播，成为最为常用的景观绩效评价体系。此外，案例研究法将有助于风景园林从经验主导转为科学主导，实现基于实践的研究，成为"循证风景园林"（evidence-based landscape architecture）（Brown R D and Corry R C，2011；Yang B，Li S，and Binder C，2016）。时至今日，面对纷繁复杂且变化诡谲的现实情况，虽然有部分学者对该方法进行了批判，认为案例研究开放性与多元性并存，且主题庞杂混乱、概念辨析困难，这种从一个案例到另一个案例的归纳的研究方法缺乏强有力的证据链条。但是，很多研究成果仍表明这种方法对风景园林学研究具有特殊意义，通过对多样性论据资源的综合，既存在类型学上的积极意义，也在进行解释性与描述性工作的同时，完成了对事物因果关系的探索。本书在研究过程中将充分汲取案例研究法的合理内核，翻译与整理景观绩效案例，在此基础上，提取出LPS案例中的景观绩效指标、数据来源和处理方法，以及指标量化方法等信息，基于适用性、可操性原则针对研究对象进行甄别筛选、合理借鉴与持续完善。

（二）实地调研法

实地调研法（Field Research Method）是通过研究者的实地考察搜集有

关现实问题或现象的资料数据，并运用科学的统计方法予以分析研究，以掌握实际问题与一手资料，提出调查结论和建议的研究方法。本书通过实地调研与访谈式问卷发放获取了关于天府新区兴隆湖公园的一手数据资料，其中包括结合中国市政工程西南设计研究总院有限公司提供的公园施工图纸、遥感影像和场地现状进行了细致校对与反复修正，以保证测量结果的准确合理。此外，通过结合场地植被施工图确定植被的具体种类和数量等信息，便于后续相关定量指标的计算与研究；通过现场问卷访谈获取游客满意度等社会效益；通过结合爬虫技术获取的房价地价等经济数据，结合周边实地调研走访获取关于经济效益的数据支撑。

（三）归纳与演绎相结合法

归纳推理与演绎推理是一对性质相异的逻辑理论。归纳推理（Inductive Reasoning）是一种扩展性推理，主要研究人们的认知如何从具体、个别性前提上升到一般、概括性结论，其结论的知识内涵超出了前提的知识内容，需要以一定的理论作为指导加以运用，通过观察、调研、试验等方法获得。演绎推理（Deductive Reasoning）则是由一般到特殊的推理方法，前提蕴含结论。本书综合国内外多种成熟有效的景观绩效评价方法，通过演绎法创造性地构建了天府新区公园景观绩效评价体系，进而选取天府新区的代表作公园绿地——兴隆湖公园，通过实地调研与数据分析，归纳研究了公园城市理念指引下公园绿地的创新性发展。

（四）文献研究法

本书首先基于中国知识基础设施工程（以下简称"CNKI"）数据库，通过检索以"天府新区公园"和"景观绩效"为主题的全部文献，文献检索的截止时间为 2021 年 3 月 1 日，内容涵盖期刊、学位、会议、书籍等检索。其次，进行了景观绩效网站"知识速递"和"学术成果"两个板块的翻译和整理工作。最后基于以上工作，梳理、分析并总结出了现阶段国内外景观绩效，天府新区公园绿地和城市建设，以及公园城市理念下的城市新区公园绿地建设的研究现状，总结不足，明确了研究的方向和重点。

（五）公式法及工具法

公式法及工具法（Formula Method and Tool Method）通过已有定量公式与科学工具，搜集研究对象可用数量表示的资料或信息，对研究对象进行客观的、定量的、可视的与可对比的分析。本书在景观绩效评价的过程中主要运用了公式法及工具法解决难以测度的变量问题，诸如植物覆盖率百分比、原始生态区保留率、乡土树种占比等指标，均涉及了相关公式的计算。而树木拦截雨水总量、碳储存总量、雨水径流量、雨水渗透率等指标则涉及相关工具的使用，如国家树木效益计算器、暴雨强度及雨水流量计算器等工具。可以说，公式法及工具法的使用显著提升了本书体系构建的合理性与科学性。

（六）系统分析法

系统分析法（System Analysis Method）是从系统论的观点出发，将拟要解决的问题视为一个整体系统，通过对系统要素进行综合分析，找出解决问题的可行方案，着重从总体和部分、内部和外部之间的相互关系、相互作用、相互制约的关系，来研究对象的本质。公园绿地系统是个复杂的人工生态系统，既有人文属性与时代烙印，也有自然属性与客观规律，是一个不断发展、不断创新、不断完善的有机生命体系。在公园城市视域下对公园绿地的研究，必须打破传统的机械分界的研究框架，采用动态的系统分析方法进行科学研究。基于开放系统的核心原则，从空间格局、环境保护和社会和谐等多个层次，从生态、社会、文化、经济、技术等复合视角，进行整体性的系统研究。公园绿地是一个始终变化发展的动态概念，需要结合开放的系统不断地进行物质更新、能量流动和信息传递。只有采用系统分析方法，才能分析出公园绿地的优势特点与问题矛盾，建立反映公园城市理念，契合人民群众对美好生活向往的评价体系。

（七）定性与定量相结合法

研究景观绩效，除了分析它的"量"，更要分析它的"质"。定量分析的前提和基础是定性分析，而定量分析只有建立在大量按质的规定性进行归类统计的资料分析基础之上，才能揭示出事物的内在联系及其发展规律。两种分析各具特点，定量分析较为精确，但不易反映事物的本质特征，故本书的定量分析侧重于对实地调研数据进行整理分析、定量计算等方面；定性分析用于反映事物的本质、特征与方向，但缺乏精确性，故本书的定性分析主要用来分析天府新区公园城市建设大背景下的建设目标和实施路径等方面，以及对天府新区公园绿地建设背景、发展历程和建设特征的研究。本书重视定性分析与定量分析的相互补充，用定性分析指导定量分析，以定量分析来支持定性分析，力求正确把握天府新区公园绿地的发展现状与未来走向，为建设公园城市提供具有可行性的建议。

第四节　创新点与研究框架

一、研究创新

一方面，研究视角和切入点的创新。公园城市作为生态文明新阶段下的全新理念和城市发展新模式，在景观层面尚缺乏明确的指引和标准。以往对于天府新区公园绿地乃至公园城市建设的研究也多局限在规划策略的探讨，对建成后的公园绿地进行系统研究的成果较为匮乏。本书以天府新区公园绿地的系统研究为基础，以景观绩效为落脚点，以公园城市首提地：兴隆湖公园为研究对象，贯彻新发展理念，从环境、社会和经济三方面构建了评价体系，丰富了天府新区公园绿地的研究手段。

另一方面，研究方法更加具有普适性和延展性。不同于以往研究成果在筛选指标时，过分依赖主观经验和德尔菲法，造成指标选取过于主观的问题，本书结合国内外多种景观绩效评价体系，在天府新区公园绿地的建设落实现状和建设目标的基础上，坚持理论性与实践性、科学性与易行性、回溯性与前瞻性、完备性与简明性、心态性与文态性相结合的基本原则进行相应的指标初步选取，而后以相关专家的意见为参考，构建了天府新区公园绿地景观绩效评价框架，为其公园绿地设计与验证评价提供了较为科学的分析方法。

二、研究框架

本书依照图 1-2 所示的研究框架展开主要内容的研究，总体上按照"提出问题—基础研究—体系构建—实证研究"的逻辑思路着笔。

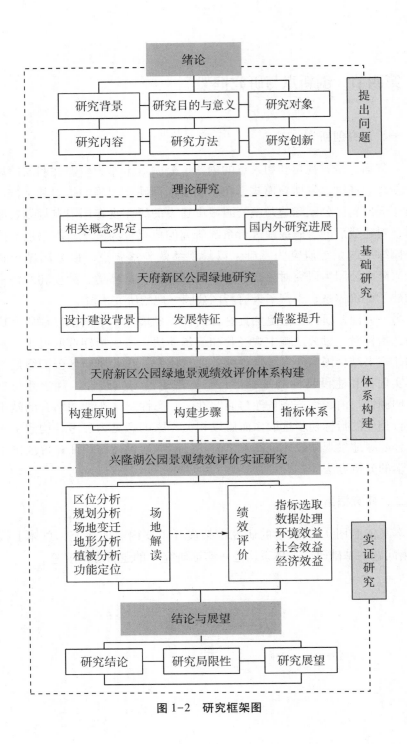

图 1-2　研究框架图

第二章 相关概念及研究进展综述

"看似寻常最奇崛，成如容易却艰辛。"中国式现代化是人与自然和谐共生的现代化，促进人与自然和谐共生是中国式现代化的本质要求。景观绩效与公园城市相关理论的研究与发展，充分彰显了"坚持守正创新"的实践价值，持续推动塑造公园城市形态、优化空间格局、调整产业结构、创新治理模式、共享发展成果，初步探索出人与自然和谐共生、共享、共荣的城市发展路径。本章共分为两节，依次论述了公园城市、景观绩效与公园绿地三个核心概念，重点对景观绩效、公园城市、公园城市理念下公园绿地建设三个方面的内容进行了文献综述，并进行了总结评价，为后续研究奠定坚实的理论基础。

第一节 相关概念界定

一、公园城市

在 2009 年国际风景园林师联合会亚太地区年会上，韩国造景学会会长曹世焕首次提出"公园城市"（Park City）的概念，强调建设以"文化中孕育着自然""自然中蕴含着文化"为基础的混合型城市形态，主张在埃比尼泽·霍华德"田园城市"理念的基础上建立风景园林和城市融合共生的公园城市，并将其视为 21 世纪知识信息创新社会的理想城市典范。但是，曹世焕明显将"公园城市"理念狭隘化、短视化、简单化，其理论核心是城市的风景园林化。2018 年 2 月，习近平总书记在视察成都时在国内首次明确提出"公园城市"这一城市发展新理念，强调城市规划要突出公园城市特点和生态价值，城市规划有了新方向。公园城市既不是在城市中建公园，也不是"生态城市""绿色城市""海绵城市"等理论简单的叠加照搬，而是立足新发展阶段和百年未有之大变局，秉持公园城市理念营建城市文明新形态、探索发展新路径，推动公园生态价值创造性转化，为城市高质量发展打造新的动力源。立足新发展阶段，这一新理念相承于"园"、着眼于"城"、核心在"公"、服务于"市"，即更强调以人民为中心的普惠公平，更符合城市生态文明建设的需要，适应我国人口多、密度大、规模大的城市化特征，更突出公园绿地系统与城市空间结构的耦合协调（成实，成玉宁，2018），更强调绿色生态空间的复合功能，能"提供更多优质生态产品"。公园城市将人民至上、生态修复、经济发展、社会和谐等内涵特质贯穿于城市规划建设当中，统筹兼顾生态效益、社会效益与经济效益，既是理想的城市发展模式，也是田园城市、生态城市、山水城市、低碳城市等建设理论的新发展，更是城市发展战略的又一次升华（叶洁楠，章烨，王浩，2021）（见图2-1）。

图2-1　城市发展模式转变示意图

当前，国内权威部门尚未对公园城市进行明确统一的定义。2021 年 8 月发布的《成都市美丽宜居公园城市建设条例》，对公园城市的定义为"以人民为中心、以生态文明为引领，将公园形态与城市空间有机融合，生产生活生态空间相宜、自然经济社会人文相融、人城境业高度和谐统一的现代化城市，是开辟未来城市发展新境界、全面体现新发展理念的城市发展高级形态和新时代可持续发展城市建设的新模式"。同时，成都市公园城市建设领导小组编写的《公园城市：城市建设新模式的理论探索》一书对公园城市内涵进行的描述与之类似（刘任远，张瑛，胡斌，2019）。由中国风景园林学会组织编制的《公园城市评价标准》（T/CHSLA50008—2021）中明确表示，公园城市是将城市生态、生活和生产空间与公园形态有机融合，充分体现生态价值、生活价值、美学价值、文化价值、发展价值和社会价值，建成宜居、宜学、宜养、宜业、宜游的新型城市，其科学内涵是以生态保护和修复为基本前提，以人民群众获得感、幸福感和安全感得以满足与不断提升为宗旨，以城市高品质有韧性、健康可持续发展和社会经济绿色高效发展为保障，最终致力于实现人、城、园的三元互动平衡、和谐共生共荣。围绕人、城、园三元素，按照"规划—建设—治理"的过程逻辑，提出生态环境优美、人居环境美好、生活舒适便利、城市安全韧性、城市特色鲜明、城市发展绿色和社会和谐善治 7 个方面的重点建设目标（中国风景园林学会，2022）。

据此，本书完全认同上述相关研究成果的基本结论，即"公园城市 ≠ 公园+城市"，而是"公""园""城""市"的融合发展。本书认为，公园城市是践行生态文明发展观、山水林田湖草沙生命共同体的具体体现，在发展的根本目的上从"产、城、人"转变为"人、城、产"，实现了特惠性向普惠性的过渡；在发展的核心要义上从"城市中建公园"转化为"公园中建城市"，实现了短期性向长期性的变化；在具体营城理念上从"空间建造"更迭为"场景营造"，实现了增长性向发展性的提升（见图 2-2）。具体而言，在公园城市理念的指导下，需要在充分尊重客观规律的前提下，坚持环境效益、社会效益与经济效益三者的高度统一，集中体现环境领域的智慧性，以景观生态智慧整合城市空间，因地制宜，分类施策，避免"千园一面"，加快推动环境生态价值的创造性转化与创新性发展；充分展现社会领域的普惠性，坚持以人民为中心的发展理念，诗意栖居，人在绿中，不搞"大拆大建"，深化做好社会要素的系统集成与协同优化；

有效提升经济领域的开放性，坚持以提高发展质量和效益为中心，产城融合，化城为园，杜绝"唯增长论"，助力实现经济要素的结构转型与动能转化。

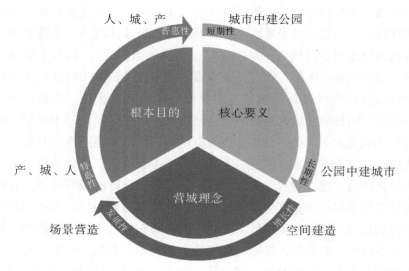

图 2-2　公园城市发展模式转变示意图

二、景观绩效

"绩效"（Performance）一词最早来源于生产管理领域，是对生产效益的度量，单纯从语言学的角度而言，绩效有成绩和效益的含义。相关研究普遍认为，城市规划与设计领域的绩效评价可追溯至 1943 年《度量城市活动：针对建议的评价管理标准之调查》一书的出版。而景观绩效评价（Landscape Performance，LP）正式发端于 2010 年美国 LAF 和 LPS 的相关研究，LPS 将其定义为"景观解决方案在实现其预设目标的同时，满足可持续性方面的效率的度量"（刘佳驹等，2022）。基于 2003 年联合国《千年生态系统评价报告》中提出的可持续发展体现的三个方面，即环境良好、社会公平和经济可行，景观绩效多涵盖环境、社会和经济三个方面的内容。其核心理论构架建立在可持续发展的三要素上，即环境，经济和社会三方面所获得的效益作为该项目的景观绩效。此外，美国风景园林师协会（American Society of Landscape Architects，ASLA）和国际风景园林师联合会（International Federation of Landscape Architects，IFLA）发布的风景园林年度奖的奖项申报说明和导则，以及英国绿色旗帜奖（Green Flag Award，GFA）评奖导则手册等，都是从生态环境与社会经济均衡发展的角度对风景园林项目提出的纲领性要求，已逐渐成为行业公认的优秀项目评价标准。20世纪末，环境保护和能源消耗问题引起了社会的重视，绿色建筑作为兼顾环境与健康的研究体系，相继被开发为适应不同国家的绿色建筑评估体系，诸如英国的建筑研究院环境评估方法（Building Research Establishment Environmental Assessment Method，BREEAM）、日本的建筑物综合环境性能评价体系（Comprehensive Assessment System for Building Environmental Efficiency，CASBEE）、加拿大的绿色建筑工具（Green Building Tool，GB Tool）与建筑环境性能评价准则（Building Environmental Performance Assessment Criteria，BEPAC）、澳大利亚的国家建筑环境评价系统（National Australian Building Environment Rating System，NABERS）、德国可持续评估认证体系（Deutsche Gesellsechaft für Nachhaltiges Bauen，DGNB），以及中国的《绿色建筑评价标准》（GB/T50378-2019）等绿色建筑评价体系，亦从不同的侧重点提供了丰富的景观绩效指标体系及评测依据，对不同国家和地区产生了广泛的示范效应。

随着"绩效"概念被越来越多地应用于风景园林学领域（Francis M，1999），其不仅被用于衡量某类城市专项职能运行的总体水平，如经济绩效（Lin and Chen，2011）、环境绩效、社会绩效和文化绩效等，也被用于描述风景园林当中某一类特定用地或设施的功效状态，如公园绿地绩效、林业用地绩效、植物景观绩效和水系景观绩效等（周聪慧，2020）。近十年来，景观绩效评价成为风景园林学科的新的研究主题，这种以定量研究为主导的方法包含了大量的科学方法，涉及经济学、社会学、管理学、生理学与历史学等诸多学科领域。相关领域的研究者都从专业角度对景观绩效的概念进行了界定，研究时间跨度从2013年至今。这一时期相关研究的发文量情况见图2-3。戴代新等（2014）提出景观绩效是衡量良性发展的景观项目在实现计划的目标和成就方面的效能和效益的一种手段；罗毅等认为景观绩效与LEED、SITES两大评价体系有所区别，LPS是针对项目建成后的一种量化方式；福斯特·恩杜比斯等（2015）认为景观绩效是一个将实践和理论相结合的新的研究领域，能够为景观在可持续发展方向上做出有益的补充和参考。也有学者提出景观绩效包含了三个层面的核心内涵：其一，评价前的工作，是否在研究初期选择了正确的理论基础为依据，特别是对于评价指标的筛选及选择方法的应用；其二，评价过程中的工作，在研究的过程中是否始终围绕评价对象展开数据的科学收集和分析；其三，评价结果的呈现，即能否有效获取了解各个绩效因子的发展状况，检验这些效益是否有助于项目的可持续发展。

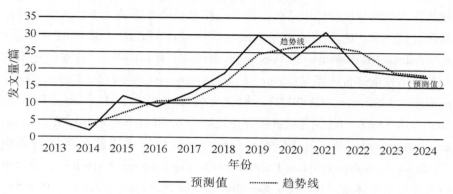

图 2-3　2013 年以来我国景观绩效问题研究发文量趋势图

数据来源：中国知网，https://www.cnki.net/；检索截至 2024 年 6 月。

本书认为对于景观绩效的评价更应关注项目自身优化程度的纵向比较，核心的策略在于通过环境、经济和社会三大方面，构建景观绩效评价体系，确定其可持续特征。同时，由于各实际项目所处历史时期、地理区域、政策环境与社会人文等方面的巨大差异，现有的众多研究难以对不同规模不同类型的景观绩效案例评价项目进行横向比较。

三、公园绿地

风景园林学（Landscape Architecture）是规划、设计、保护、建设和管理户外自然以及人工环境的学科。根据 2017 年 11 月 28 日由住房和城乡建设部发布的《城市绿地分类标准》（CJJ/T85—2017）的分类，城市建设用地内的绿地分为五大类型：防护绿地、公园绿地、广场用地、区域绿地和附属绿地（见表 2-1）。公园绿地作为城市绿地的重要组成部分，既是风景园林学的重要概念之一，也是与工业社会发展阶段相适应的公园类型。根据 1998 年国家质量监督局和建设部联合发布的《城市规划基本术语标准》（GB/T50280—98），公园绿地被定义为：向公众开放，以集会、游憩、纪念和避险等功能为主的城市公共活动场地。在住房和城乡建设部 2017 年发布的《风景园林基本术语标准》（CJJ/T91—2017）中，将公园绿地的定义更新为：向公众开放，以游憩功能为主，兼具生态、美化、防灾等作用的城市绿地。不难看出，这一定义是对用地游憩服务功能效应的描述和衡量。此外，国内不同职能部门对公园绿地的定义大同小异。国家标准《城市用地分类与规划建设用地标准》（GB50137—2011）中划定的绿地（G类）包括公园绿地（G1）、防护绿地（G2）、广场用地（G3）；对公园绿地的定义与《风景园林基本术语标准》（CJJ/T91—2017）相一致。这些对公园绿地的定义，均凸显了其作为城市绿地的功能。

表 2-1　城市绿地类型与基本内涵

基本类型	基本内涵
公园绿地	向公众开放，以游憩功能为主，兼具生态、景观、文教和应急避险等功能，有一定游憩和服务设施
防护绿地	用地独立，具有卫生、隔离、安全、生态防护功能，游人不宜进入的绿地。主要包括卫生隔离防护绿地、道路及铁路防护绿地、高压走廊防护绿地、公用设施防护绿地
广场用地	以游憩、纪念、集会和避险等功能为主的城市公共活动场地
附属绿地	附属于各类建设用地（除"绿地与广场用地"）的绿化用地。包括居住用地、公共管理与公共服务设施用地、商业服务业设施用地、工业用地、物流仓储用地、道路与交通设施用地、公用设施用地等中的绿地
区域绿地	位于城市建设用地之外，具有城乡生态环境及自然资源和文化资源保护、游憩健身、安全防护隔离、物种保护、园林苗木生产等功能的绿地

资料来源：《城市绿地分类标准》（CJJ/T85—2017）。

与此同时，《城市绿地分类标准》（CJJ/T85—2017）明确规定公园绿地包含综合公园、社区公园、专类公园和游园四大类。综合公园是指规模宜大于10公顷，内容丰富、适合开展各类户外活动、具有完善的游憩和配套管理服务设施的绿地；社区公园规模宜大于1公顷，是指用地独立，具有基本的游憩和服务设施，主要为一定社区范围内居民就近开展日常休闲活动服务的绿地；专类公园是指具有特定内容或形式，有相应的游憩和服务设施的绿地；游园是指除以上各种公园绿地外，用地独立，规模较小或形状多样，方便居民就近进入，具有一定游憩功能的绿地。《城市绿地规划标准》（GB/T51346—2019）对公园绿地提出了六项具体要求：①不应布置在有安全、污染隐患的区域，确有必要的，对于存在的隐患应有确保安全的消除措施；②应方便市民日常游憩使用；③应有利于创造良好的城市景观；④应能设置不少于一个与城市道路相衔接的主要出入口；⑤应优先选择有可以利用的自然山水空间、历史文化资源以及城市生态修复的区域；⑥利用山地环境规划建设公园绿地的，宜包括不少于20%的平坦区域。并将公园绿地细致划分为综合公园、专类公园与带状公园。公园绿地作为城市绿地系统中与市民生活联系最为密切和发挥最大社会效益和生态效益的城市绿地，对城市景观文化的塑造和城市风貌特色的形成具有重要影响，其数量和面积已经成为评价一个城市宜居性、生态性与公平性的重要标准之一。

结合 CNKI 的相关数据不难发现，国内学术界对于公园绿地问题的研究由来已久，研究时间跨度从 1976 年至今，自 2000 年以来，研究热度与日俱增（见图 2-4）。《城市绿地分类标准》（CJJ/T85-2017）中划定的绿地与广场用地包括公园绿地、防护绿地与广场用地；其中，公园绿地包含综合公园、社区公园、专类公园、带状公园与街旁绿地等。此外，也有学者认为公园绿地的服务水平主要与规模和服务半径两个指标相关，对其分类应以服务半径和规模为界限参数，可以分为全市性公园、区域性公园、社区公园与街旁绿地。

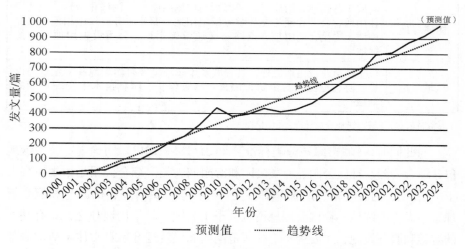

图 2-4 2000 年以来我国公园绿地问题研究发文量趋势图

数据来源：中国知网，https://www.cnki.net/；检索截至 2024 年 6 月。

第二节　国内外研究进展

在文献综述部分，本节首先对景观绩效、公园城市及公园城市理念下的公园绿地建设的国内外研究现状进行了细致梳理，同时进行了文献评价与归纳总结。

一、景观绩效的相关研究

自 20 世纪 60 年代以来，欧美国家的建筑领域已经开始广泛采用绩效评价的概念，借此对项目进行系统的绩效评价。随着 LAF 对景观绩效评估研究的推动，相关理论和实践研究得到了迅速发展，中国风景园林学界对其的关注度与日俱增。国内虽然规划领域引入绩效评价概念的时间较晚，但是随着规划理论与规划绩效评价实践的不断发展，景观绩效的概念逐渐被广泛接受。在中国知识基础设施工程（CNKI）平台上，以"景观绩效"为主题进行文献检索，发现截至 2024 年 6 月 30 日共有 116 篇学术期刊论文，包括 56 篇北大中文核心、CSCD 核心与 CSSCI 核心期刊文献。发文量排名前三的研究机构分别为北京林业大学、同济大学与华南理工大学，共涉及 12 个研究层次，研究主题主要涉及"评价体系、城市及公园、案例研究"等（见图 2-5）。

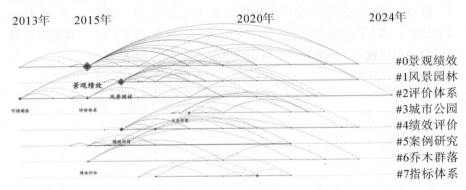

图 2-5　景观绩效研究关键词时间线图

图片来源：Citespace v6.1.6。数据来源：中国知识基础设施工程（CNKI）。

（一）景观绩效评价体系

在景观绩效评价的方法论上，国外的体系较为丰富，常用的绩效评价体系以 2006 年建立的可持续场合倡议（Sustainable Sites Initiative，SITES）、2009 年创建的社区开发项目绿色能源与环境设计先锋认证（Leadership in Energy and Environmental Design for Neighborhood Development，LEED-ND）以及 2010 年由风景园林基金会构建的景观绩效系列三大应用为主，此外还包括城市土地学会（Urban Land Institute，ULI）、环境保护局（Environmental Protection Agency，EPA）的相关认证、最佳管理措施（Best Management Practices，BMP）等。在此需要对三大主要评价体系进行细致研究。SITES 从选址、设计前评价规划、场地设计、项目施工、使用维护和监测创新六个方面构建自身框架，LEED-ND 的框架根据不同的尺度进行组织，从建筑到社区再到区域（环境），LPS 则根据生态系统的评价报告中对可持续性发展的描述，建立了由环境、社会、经济三部分构成的可持续绩效评价框架。在评价方式上，LEED-ND 与 SITES 评价侧重设计意图，采用评分的方式，检验参评项目的各指标是否达到分值，以此判断其可持续性。LPS 则更加注重建设和使用后的实际效益的量化评价。此外，三者均用于评价项目在设计目标、策略上的有效性，以及可持续方面的效益，相较而言不难看出，LEED-ND 与 SITES 注重的是前期的效果预估，机制为等级评定的前馈式评估，而 LPS 更重视建成后的回溯评价。学者对于三者的研究主要集中在体系的本身适用性、与其他体系的对比、体系的完善、评价方法的研究以及应用研究等方面（见表 2-2）。整体而言，三种评价方式在具体实践过程中优势互补、相辅相成，为后续可持续景观的学术研究与规划设计树立了标杆，产生了持久深远的影响（见表 2-3）。

表 2-2　关于景观绩效评价体系的部分研究成果

评价体系	时间	学者	研究内容
LPS	2013 年	李明翰等	利用 LPS 体系进行了湿地治理系统和自然化景观的景观绩效的调查研究，详细总结了其中的建设经验与评价流程
	2013 年	孙楠等	以北京奥林匹克森林公园和唐山南湖生态城中央公园两个项目的量化分析为例，通过具体实践介绍了 LPS 计划的目标、目的、方法、价值以及对国内景观绩效评估的意义
	2014 年	克里斯托弗·D·埃利斯等	通过研究两个特定的景观绩效案例，探讨了 LPS 体系应用的便捷性与可行性
LPS	2014 年	罗毅等	研究了 LPS 体系与其他绩效评价体系之间的"共性"与"个性"，并针对完善景观绩效指标提出了相关建议与优化路径
	2015 年	福斯特·恩杜比斯等	阐述了 LPS 评价系统的形成过程及其必要性，并针对景观绩效的历史回顾、现实情况与未来展望进行了总结归纳
	2015 年	戴代新等	针对 LPS 景观绩效评价体系进行了一系列相关研究，详细介绍了景观绩效评价的背景、基本概念、研究意义和理论基础等内容
	2016 年	塔纳尔·R·奥兹迪尔	通过对美国得克萨斯州部分区域的经济绩效进行研究，评价了 LPS 体系在经济方面的可适用性
	2017 年	沈洁等	以雨水景观绩效为研究对象，对研究案例运用 LPS 评价指标进行了定量统计和实证分析
	2019 年	吴忠军等	参考 LPS 等相关评价指标，运用频度统计法选取使用频度高的评价指标，筛选重要评价指标，按照科学性、规范性、可操作性原则构建评价体系
	2020 年	刘喆等	基于循证导向的景观绩效评价体系，构建了基于北京城市景观空间典型特征的景观绩效评价体系与具有线上实时评价和循证资源收集功能的公共在线服务平台

表2-2（续）

评价体系	时间	学者	研究内容
SITES	2014 年	Frederick Steiner 等	研究了 SITES 评价体系的工作范围、评价原则、评价进程和试点项目
	2014 年	戴代新等	就 SITES 体系的社会因素与经济因素情况，针对评价尝试、兼顾规划与设计和绩效评价方法等三方面进行了讨论
	2014 年	贾培义等	对比了 SITES 体系原始版本（v1）与最新版本（v2）的差异，对其价值、目标、权重设置、结构和内容变化等方面进行了横向对比研究，并分析了最新版本的主要特点
	2015 年	Danielle Pieranunzi 等	研究针对 SITES 体系在增强城市和区域水弹性中的应用方面，通过实际案例进行了实证检验，提出了该体系的适用原则、范围与导向
SITES	2017 年	张浩等	对比了 SITES 体系与我国可持续场地评价的相关内容，探讨了该体系的指导原则、主要评分内容与评分等级，指出了 SITES 体系在场地可持续性管理、动物多样性以及场地经济可行性方面存在的不足，并提出未来国内评价体系的侧重点
	2017 年	曹玮等	以 6 个获得 SITES 认证的大学校园内的景观设计项目为例，指出在大学校园园林景观中引入 SITES 对可持续园林景观普及与发展的积极作用，对中国高等院校特别是设有相关专业院校的校园景观规划设计具有借鉴价值
	2019 年	岳小洋等	通过介绍 SITES 评价体系的建立原则、目标及评价内容基础，对评价体系中与海绵城市建设相关的内容及实施策略进行对比研究，以期对我国的相关建设提供指导借鉴
	2021 年	龚剑波和游祖勇	分析了引入 SITES 对园林景观普及与可持续发展方面的积极推动作用，以及对我国植物园特别是小尺度的公共花园景观规划设计的借鉴意义

表2-2（续）

评价体系	时间	学者	研究内容
LEED-ND	2005 年	承均等	对照能量与环境设计指引（LEED-TM）中有关水体保护的相关条款，细致研究了其在美国景观规划设计中水体综合保护方面的实际运用及有效作用，为中国风景园林设计中的水体综合保护策略提供有益的借鉴
	2011 年	李王鸣等	在介绍 LEED-ND 评价体系构成和特点的基础上，结合我国可持续住区评价体系研究现状，分析了体系的优点，以期为我国可持续住区评价体系的建立提供借鉴
	2013 年	翟龙君等	基于 LEED 体系，以 LEED-NC（V2.2）为参考对象，尝试总结出符合当代中国发展实际的绿色景观设计方法，同时包括人员配合、设计流程以及信息交流模式等内容
	2013 年	王佳等	通过总结 LEED-ND 评价体系中与 LID 结合的内容，分析其在绿色社区中的重要功能及意义，提出基于该体系的场地规划设计方法
	2014 年	赵洋等	通过对 LEED 体系的分析来探寻相对应的绿色景观要求，研究了绿色技术推广在中国所对应的各种主客观因素
LEED-ND	2017 年	王馨璞等	通过对 LEED（V4）执行流程中的每一步骤的目的和意义进行剖析，论证了该评价体系作用于小尺度生态景观项目的适宜性
	2022 年	朱海洋	提取 LEED-ND 评价体系中 6 个方面的设计内容，以此构建生态环境保护措施，开展低碳生态社区建设

资料来源：作者根据公开资料整理。

表 2-3　景观绩效评价体系对比

评价体系	提出时间	主要发起者与研究者	评价机制	评价因素与对象	具体方法	评估属性
LPS	21 世纪10 年代	LAF	反馈式评估	景观绩效系列、案例研究调查计划	38 余种量化工具，每一项有具体的量化数据	回顾性
SITES	21 世纪初	LAF、USNA、LBJWC of UTexas	等级评定的前馈式评价	与度量相关的景观绩效认证系统	评价打分系列表，共 4 级	预估性
LEED-ND	20 世纪90 年代末	NRDC、USGBC、CNU	等级评定的前馈式评价	社区开发	系统打分，共 4 级	预估性

资料来源：作者根据公开资料整理。

与此同时，国内也适时出台了一些与景观绩效相关的文件如《城市生态建设环境绩效评估导则》等，各级地方政府也在进行积极探索，例如，江苏省南通市为加强城市绿化养护监督管理，提升了市区园林绿化精细化养护和现代化管理水平，研究制定了《南通市区绿化养护绩效评价暂行办法》。部分学者在以上体系的基础上建立适应性的特定景观类型的绩效评价指标体系，如北京城市森林的生态绩效评价体系、武汉园博园景观绩效评价体系等。中国学者郑曦（2019）的研究团队综合了多种绩效评价体系，采用单因子量化模型集群与网络线上实时评价相结合的方式，构建了适用于北京城市景观空间的景观绩效评价体系与公共在线服务平台（http://lap.bjfu.edu.cn/perform/），这也是国内首个将指标集合和计算方法一体化的线上共享平台。

（二）景观绩效评价因子

LPS、SITES 和 LEED-ND 三种评价体系在评价的时期、框架和方式上不同的侧重点决定了三者在评价因子和指标上的差异性。

SITES 体系重点突出了健康的生态系统重要性，更注重生态效益，涵扩了整个项目周期。SITES2.0 评价体系中包括场址选择，设计前评价和规划，场地设计--水、场地设计--土壤和植被、场地设计--材料选择，场地设计--人类健康和福祉，施工建造、运营和维护、教育与绩效监控、以及创新或优良表现这十个一级因子。

LEED-ND 体系则在巧妙的选址与连接性、邻里模式和设计、绿色基础设施、创新与设计过程、优先考虑区域范围五个方面进行绩效评价。其中，以景观为评价主体的因子有湿地和水体保护、棕地再利用、参与性和通用设计、绿树成荫、连接市民公共空间、雨洪管理等。

LPS 的创建晚于 SITES 和 LEED-ND，是根据可持续发展的框架，从环境、社会和经济三个方面构建景观绩效度量体系。LPS 景观绩效通过指标的定量对每个因子进行定量描述，从而评价景观产生的实际效益。度量体系由效益、因子和指标三个层级构成，其中，效益层级包含环境、社会和经济三个方面。环境方面多度量生态供给、调节和支持服务的相关指标，包括土地、水、栖息地、碳与能源与空气质量、材料与废物 5 大类，社会效益多度量文化服务的相关指标，包括游憩和社会价值、优质和健康生活及教育价值等，经济效益包含支持服务中与金钱相关的指标，以建设节约费用和运行维护费用为主（Deming and Shui, 2015；Yang B, Blackmore, and Binder，2015）。

基于不同体系的评价因子研究发现，虽然与景观绩效相关的三个评价体系的框架各不相同，但是相互间存在取长补短与继承发展。SITES 和 LEED-ND 在社会和经济的评论指标上较为缺乏，主要是由于二者创建时期较早，且评估过程多依靠预测。整体而言，三大评价体系环境效益的因子主要类别集中在土壤的保护和恢复、栖息地的保护和恢复、防洪、碳与能源以及材料利用等方面，社会效益主要以游憩和人类健康等因子为主，三者在经济方面的交集因子较少（徐亚如，戴菲，殷利华，2019）。

（三）景观绩效评价方法

景观绩效的度量对象为规划设计或实践产生的多种效益，以数据的多少或前后数据的对比来判断景观产生的效益。景观绩效的量化评价方式多种多样，主要通过测度相关数据、查阅资料与问询等方式收集数据，并通过在线计算器、模型软件估算工具、计算公式或实验等获得相关指标数据，对因子进行定量描述，评价景观效益。因不同计量工具的功能及使用情况不同，应根据景观项目的不同阶段选取合适的工具对景观效益进行评价。

在设计阶段，通常采用构建模型的方法对景观效益进行预期评价，美国风景园林基金会在施行 LPS 计划时，针对不同的适用范围和研究对象，共收集总结了 29 种量化工具，其中部分工具见表 2-4。如"废物减少模型"，通过模拟不同管理实践，可以估算不同方案下温室气体排放与能源使用量。这种前期的预测评价有助于景观设计的科学循证。计算公式通常是简单的基础运算，有些是辅助计算器，有些则可以根据已有数据的不同进行不同选择，如中国的暴雨强度计算器可计算雨水径流量等。一般而言，采用实验方式的研究相对较少，仅常见于土壤性质测定或水质测定等。

表 2-4　部分景观绩效评价工具一览表

工具名称	评价内容	输入数据	输出数据	相关合作单位或公司
屋顶绿化节能计算器（GBRL Green Roof Energy Calculator，GRBL）	传统屋顶与绿色屋顶每年的能耗对比	地理位置、屋顶总面积、绿色屋顶面积比例、生长介质厚度、植物的叶面积指数	绿色屋顶与传统屋顶的电能、储蓄气体核能源节约成本比较	美国波特兰州立大学、加拿大多伦多大学健康城市绿色屋顶

表2-4(续)

工具名称	评价内容	输入数据	输出数据	相关合作单位或公司
废物减少模型（Waste Reduction Model，WARM）	估算并比较不同管理实践所产生的温室气体排放与能源使用量	不同方案的回收、填埋、堆肥、能源减少的吨数	二氧化碳当量吨、碳当量吨或能源单位	美国环境保护局
国家数目效益计算（National Tree Benefit Calculator）	评估包括树木涵养水源、能源节约、固碳、净化空气、提升地价等多方面的生态和经济价值	树种、尺寸（直径）、相邻土地利用、所在地区邮编	单棵树的雨水、能量、碳汇、提升空气质量以及社会的价值	由 Davey Tree Expert 和 Casey Trees 公司开发
资源节约型园林绿化成本计算器（Resource Conserving Landscaping Cost Calculator）	评价对比传统景观道绿色景观灌溉减少量和产生废物减少量	当前景观的配置（花卉、草坪、灌木和地被比例），景观类型，生长期时长灌溉面积	3年、6年、10年对比原来景观的年均成本，包括水的使用，维护和废弃物处理	美国环境保护局
施工碳排放计算器（Construction Carbon Calculator）	评估在施工过程中碳排放量	建筑尺寸、结构系统类型、区域面积、植被种类等场地信息	整个项目的碳净含量	美国伯爵约翰逊夫人野花中心和米勒设计公司
国家雨水管理计算器（National Stormwater Management Calculato）	对比同一个场地增加绿色基础设施与传统开发方式管理实践绩效	场地规模、前期开发土地类型、后期开发土地类型和绿色雨水最佳管理实践的参数	总径流量，透水区和生命周期成本的变化	美国社区科技中心
装饰成本计算器（Decking Cost Calculator）	对比使用不同可循环材料的建设耗费	项目面积大小	预测初始年、3年、6年、10年全生命周期的平均年耗费	美国环境保护局
回收和使用废弃景观成本计算器（Recycling and Reusing Landscape Waste Cost Calculator）	评估对比4种景观废物处理方法间的耗费和环境效益差异	原始项目耗费	预测4种方法下1年、3年、6年和10年的耗费	美国环境保护局

资料来源：作者根据 LPS 网站公开资料整理。

（四）景观绩效评价数据

景观绩效评价数据类型主要包含了设计数据、参考数据和测量数据三类。

针对 LPS 评价体系而言，在设计数据领域，相关数据相对比较容易获取，如集约利用土地、节约能源、施工和运营养护成本节约等，适用于严格按照规划设计进行施工和运营的评估项目。当前，LPS 具体实践案例中的设计数据，一般是通过对设计文件、管理制度和产品规格说明中提供的数据进行计算获得。在实际测量较难实现的情况下，也可通过基于设计数据分析得到的模拟结果或产品规格进行计算获得。具体而言，LPS 具体实践案例中的诸多与水文相关的指标都来自水文模拟软件的计算结果；太阳能光电板的节能量大多来自产品规格数据等（孙楠和孙国瑜，2019）。

在参考数据领域，通常是利用他人的研究成果，如书籍、论文、研究报告和官方公布的数据等，或大数据平台的现有数据，集成多种类型数据源，打通景观绩效数据孤岛。受时间、空间、经费和精力等因素的限制，在可靠性、互补性和相关性都有保证的前提下，研究者将首选直接或间接引用参考数据。而受到科学性与专业性的限制，LPS 评价体系公布项目中的水质、空气质量、物种丰富度、土壤成分和土地价值等方面的相关数据均主要来自参考数据。此外，从当前 LPS 公布的项目来看，可参考的研究报告及文献较丰富的项目往往也是综合性能较强的重大项目，由于其为社会环境及经济带来的巨大影响力，自发或官方组织进行的研究成果也很多，为定量化评估提供了有力的数据支撑。

在测量数据领域，受专业领域、人员精力与资金成本等限制，使得评价存在一定的难度，针对此情况 LPS 评价体系提供了大量适用于非专业人士的快捷工具。尽管由于基础数据的地域局限性、多元特色性、指标的较强针对性和测量结果的不确定性，并非全部"工具箱（Toolkit）"中的工具都在 LPS 的案例中得到应用，很多指标仍需要通过现场测量或当面访谈才能被有效量化，"工具箱"仍然为研究个体或单一学科研究背景的团队独立完成多学科综合景观项目的测量提供了可能性（孙楠和孙国瑜，2019）。

（五）景观绩效案例研究

美国学者马克·弗朗西斯（Mark Francis，1997）在《风景园林案例研究法》一书中曾指出，风景园林专业中的案例研究常被用于描述或者评价一个项目或一个过程，适用于风景园林的案例研究方法是一种对一个项目的过程、决策以及结果进行认真记录和系统性审查的方法，其目的是启发今后的实践、政策制定、理论研究以及教育。惯于运用案例研究方法的弗朗西斯将研究拓展至公园、花园、公共空间、街道、近郊自然（nearby nature）和城市公共生活等领域，并在其担任环境设计研究协会（EDRA）前任主席的时期大力推广该方法。案例研究法在诸多方面都具有重要的专业价值，对于从业者与决策者而言，案例研究可作为提供潜在解决方案的参考资源，解决实践中的复杂问题；对于风景园林专业教育者而言，案例研究提供了一种解决问题的技巧，丰富了有效的评价策略。

　　基于案例研究的方法，美国景观绩效网站建立了网络研究平台（见图2-6），主要包括了案例简报、绩效工具、知识速递和学术成果4个部分。案例简报展现了162个已建成案例的基本信息（包含设计公司、土地使用性质、项目类型、位置、规模、造价、完成时间）、可持续特征和建设前后的景观绩效结果等，其中案例7个来自中国，分别为北京奥林匹克森林公园、天津桥园、河北唐山南湖公园、上海后滩公园、辽宁辽阳衍秀公园、辽宁葫芦岛兴城滨海步道与广东深圳湾海岸公园一期。绩效工具是量化部分景观绩效指标的工具，可针对单一绩效或多个绩效进行估算。知识速递是景观绩效研究成果（包括已发表的论文和出版刊物）的数据库。学术成果则主要包括景观绩效相关期刊论文和学位论文。

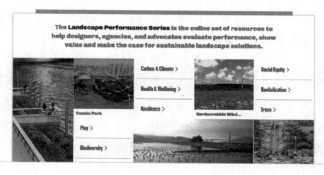

图2-6　美国景观绩效网络研究平台截图

图片来源：https://www.landscapeperformance.org/。

通过对平台上 162 个景观绩效案例研究发现，因每个案例的研究对象、功能定位和景观需求不同，故在景观绩效指标的选择上各有侧重（Yang B，2020），其中环境绩效指标应用的比例显著高于社会和经济绩效指标。从指标上来看，案例项目中评价的高频环境绩效指标主要为雨水径流减少量、创造的生境类型、生物多样性、灌溉节约水量、碳固定量和固体悬浮物减少量。评价的高频社会绩效指标主要为访客量、为居住者提供公共空间、提升居住者满意度、提供教育机会、提升对可持续性规划和设计的理解和感知、提供比赛、演出、学习和训练场地。评价的高频经济指标主要为节约成本/增加收入、节约运营成本、提升房地产价值、推动经济发展和增加税收以及通过提供新岗位增加税收。

在景观类型上，涵括了公园/开放空间、花园/植物园、自然保护区、溪流、街道景观、会议/娱乐、办公区、学校/高校、雨洪、交通、庭院/广场、社区、高尔夫球场、医疗设施、工业园区、公寓、娱乐场地、零售、运动设施、都市农业 20 种，其中，针对公园/开放空间类型的项目研究最多，其次分别是学校/高校类型的绿地、街道/滨水等线型景观的绩效研究，以及庭院/广场、自然保护和公民/市政设施等景观的绩效研究。

二、公园城市的相关研究

自公园城市理念提出以来，学术界关于公园城市的研究热度与日俱增。为进一步精确化查找，在中国知识基础设施工程（CNKI）上以"公园城市"为主题，同时摘要中包含"公园城市"进行文献检索，截至 2024 年 6 月 30 日，共有 336 篇中文核心、CSSCI 核心与 CSCD 核心文章，涉及 17 个研究层次，发文量排名前三的研究机构分别为四川农业大学、成都市规划设计研究院、北京林业大学，研究主题主要涉及"城市公园、风景园林、场景营城、景观设计"等（见图 2-7）。本节主要针对相关研究涉及的内涵路径、评价方法与法制保障三个方面，以此进行了总结归纳。

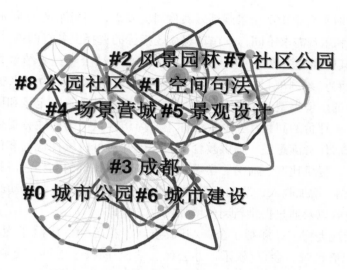

图 2-7　公园城市研究高频关键词 citespace 聚类图

图片来源：Citespace v6.1.2；数据来源：中国知识基础设施工程（CNKI）。

　　相关研究对公园城市也进行了不同的定义，从理论和实践的不同方面对公园城市理念内涵和实施路径进行理解和阐发。吴岩和王忠杰（2018）认为，公园城市是新时代城乡人居环境建设理念和理想城市建构模式，将城乡公园绿地系统、公园化的城乡生态风貌作为城乡建设的基础性、前置性配置要素，把"市民—公园—城市"三者关系的优化和谐作为创造美好生活的重要内容，通过提供更多优质生态产品以满足人民日益增长的优美生态环境需要。刘滨谊（2018）深入探讨了公园城市的理论与实践来源，从人居环境认识论展开，提出公园城市人居环境认识论的生命观、时空观、分析与综合观，点明了建设公园城市的目标与价值体系，论证了公园城市人居环境理论框架与国家发展战略五个统筹的同构关系，指出了实现公园城市提升多重城市"三力"的可能性和建设公园城市的方法路径。梁本凡（2018）指出，公园城市是具有绿色、环保、生态、美丽、宜居、高效、共享等特点，能满足城市居民幸福生活需要的城市，具有生态环境美好、生产高效优质、资源服务共享以及生活和谐幸福四大突出特点。史云贵和刘晴（2019）从绿色治理的角度出发，认为公园城市是多元治理主体为满足人民美好生活需要，在空间正义的基础上，以绿色价值理念为指导，以资源共享为前提，以打造人与自然伙伴相依的命运共同体为载体的新型城市治理形态。基于结构主义视角，孙喆、孙思玮和李晨辰（2021）

将公园城市理念解构为公园中的城市、公园化的城市与公园理念治理的城市三重内涵，同时包含全域公园的发展理念，城市和自然有机融合、共生共荣的理念，城市形态集约化、组团式和低碳化发展的理念，公园化规划的理念，公园化建设的理念，公园化绿色产业的理念，公园的"公共"理念，公园"园丁"理念，公园文化的理念和公园生态文明理念十大理念。谭林等（2022）将公园城市理念视为生态文明时代人居环境建设的重要价值位序，公园城市生态价值转化模式与结果的形成发展受到资源禀赋、行为主体及相关制度的多重影响，通过构建自然场域、人民场域、经济场域与文化场域等差异类别的价值转化场域，分析了未来的导向模式和推进策略。整体而言，当前在国内学术界并未针对公园城市理念形成基本共识，多从公园城市的某个视角切入，尚未形成一个系统完整的内涵界定。

与此同时，关于公园城市发展建设的评价方法层出不穷，评价范式不断定量化、科学化、可视化，常见的评价方法有层次分析法、模糊综合评价法、两步移动搜索法与美景度评价法四类方法。其一，层次分析法（AHP）将评价系统的有关方案的各种要素分解成若干层次，同一层次的各种要求以上一层要求为准则，然后进行两两判断的比较与计算，求出各要素的权重，最后根据综合权重按最大权重原则确定最优方案。相关研究针对公园城市评价过程中单一层次分析方法确定权重的主观性过重和评价的准确性问题，将层次分析法、比较评判法、头脑风暴法与德尔菲法等评价方法有机结合，进行科学综合评价。其二，模糊综合评价法（Fuzzy Comprehensive Method）以模糊数学为基础，应用模糊关系合成的原理，将一些边界不清、不易定量的因素定量化进行综合评价，具有结果清晰、系统性强的特点，适合各种非确定性问题的解决。模糊综合评价法充分考虑公园城市所涉及的各因子共同作用的适宜性状况，所得出结论为相对范围，适宜于社会效益、满意度与游憩体验价值等非定性的内容评价，有助于提升解决问题的针对性，为功能优化及进一步开发提供参考。其三，两步移动搜索法（Two-Step Floating Catchment Area, 2SFCA）其搜索主要分为两个阶段，在第一步对每个供给点，搜索所有在供给点距离阈值范围内的需求点，计算供需比；在第二步针对每个需求点，搜索所有在需求点距离阈值范围内的供给点，将所有的供需比加在一起即得到需求点的可达性。这一方法采用两次"移动搜索区"分别以供给地和需求地为基础，在精细空间尺度下对人本视角思考不足的问题，从供需两方面同时改进模型，并用于城市公园绿地可达性评价，经过两次计算在城市公园评价可达性中结果较为可靠。其四，美景度评价法（Scenic Beauty Estimation，SBE）主张以群体的普遍审美趣味作为衡量风景质量的标准，确立景观美景度与偏好度的影响因子，借此建立相关预测模型。该方法认为风景与风景审美的关系为"刺激-反应"的关系，以景观美景度与偏好度的相关模型将游览者对公园的心理反应进行评价，可以经济省时地处理样本量巨大的景观对象，并得到较为可靠的研究结果（李灵军和季晋焱，2022）。

除此之外，部分学者针对公园城市的法制保障问题进行了深入分析（高梦薇等，2021；王阳，刘琳，李知然，2023）。相关研究普遍认为公园城市的管理应立法先行，加快对公园城市立法，有利于规范公园城市的管理。也有学者对公园城市管理路径的法制化进行了探索，提出加强公园城市的管理落实条例的编制，从政策、特色和布局三个方面加强公园城市的可持续发展。应以中央立法统筹全局、地方立法具体落实、政府主导与公民参与相互协调的关于公园城市的立法建议，通过强化政府责任、加强公民参与，将公园城市纳入城市管理体系，重视完善法律保障体系、优化社会参与机制、提升科教服务功能、促进经济价值转化，合理有效利用公共资源，以期实现公园城市的高质量发展。整体而言，我国总体在公园规划设计、建设运行与多元保障领域的立法工作仍较为滞后，相关法制建设已经与日新月异的实践发展严重脱节，一些地方制定地方性法规时，带有明显的诸侯经济、地方保护主义和行业利益色彩，使法律公正性、平等性与适用性受到一定程度的影响。

三、公园城市理念下公园绿地建设研究

在中国知识基础设施工程（CNKI）平台上，同时以"公园绿地"为主题进行文献检索，发现截至 2024 年 6 月 30 日共有 4 748 篇学术期刊文献，涵盖 11 44 篇北大中文核心、601 篇 CSCD 核心与 216 篇 CSSCI 核心期刊文献，共占比 41.30%；学位论文 3 315 篇，包含 251 篇博士论文与 3 064 篇硕士论文。发文量排名前三的研究机构分别为北京林业大学、南京林业大学与西安建筑科技大学，共涉及 18 个研究层次。近两年的研究主题主要涉及"公平性、供需匹配、公园城市、居民需求、社会空间、布局优化"等（见图 2-8）。

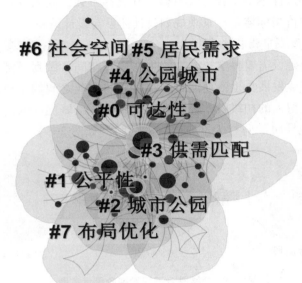

#6 社会空间 #5 居民需求

#4 公园城市

#0 可达性

#3 供需匹配

#1 公平性

#2 城市公园

#7 布局优化

图 2-8　公园绿地研究高频关键词 citespace 聚类图

图片来源：Citespace v6.1.6。数据来源：中国知识基础设施工程（CNKI）。

　　整体而言，针对公园城市理念下公园绿地建设的相关研究成果，呈现出以下演变特征：其一，从侧重于公园城市理念、内涵的阐释，逐步转向策略、路径的探索；其二，从公园城市概念下侧重生态、绿地和公园的规划设计研究，逐步转向生态与城市协同、公园与城市融合与生态价值持续转化的创新研究；其三，从不同行业视角的差异化认识，逐步形成围绕生态文明建设，探索城市可持续发展的新模式，推进公园城市理念融入各行业的新实践（陈明坤等，2021）。综合来看，现有研究多从宏观上探讨了发展理念的转变（杜受祜和杜珩，2022），公园绿地在公园城市建设中的作用与角色转变（陈明坤等，2018；2021）、城市公园形态类型与规划特征（吴承照等，2019）等。此外，针对微观领域具体的城市景观空间下的实践策略探索，如街道绿视率评价（卞媛媛，2021），城市自然生态系统整体修复策略（王宏达，2021）、公园绿道建设策略（张鑫彦，2019）、城市绿地系统建设经验总结（刘彦彤等，2021）等研究日益增多，研究深度不断加深，研究广度持续拓展。但是，关于更大领域整体实践的系统研究依然较少，风景园林在公园城市建设中的理论和实践尚且处于认知和实践探索阶段，介入性不足、融合度不够、延展性不强，尚未真正形成不同空间尺度下的评价指标体系、景观规划设计体系与设计策略。

（一）公园城市指标体系

公园城市建设需要科学统筹生产生活生态空间，做到经济发展与社会发展之间、产业发展与生活功能之间和宜居与宜业之间的平衡，实现从以产带城、以城留人的初级版，进阶到以城聚人、以城促产的高级版，进而实现从"功能导向"向"人本导向"的回归（如图2-9）。

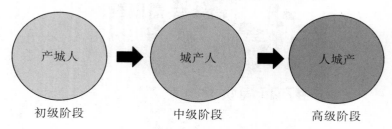

图2-9 产城融合不同发展阶段示意图

图片来源：作者自绘。

为深入贯彻落实习近平总书记提出的公园城市理念，引导各地城市规范有序推进公园城市建设，中国风景园林学会于2019年率先提出制定《公园城市评价标准》，明确了公园城市内涵和建设重点，构建了公园城市评价指标体系，并设置了三个评价等级，以期通过指标指引公园城市建设的重点内容、通过等级评价指导各地根据其自然资源与社会经济实力，合理设定公园城市建设的阶段性目标，量力而行、尽力而为，循序渐进实现公园城市美好愿景。在充分贯彻习近平生态文明思想的"六大原则"以及"一个尊重、五个统筹"等中央对城市工作的指导要求下，在遵循公园城市"厚植绿色生态本底、创造宜居美好生活、营造宜业优良环境和健全现代治理体系"的营城逻辑下，在成都市、天府新区的丰富实践经验和大量理论研究基础上，2020年10月24日，中国城市规划学会联合天府新区在第二届公园城市论坛闭幕式上共同发布了《公园城市指数（框架体系）》研究成果，正式确立了"1+5+15"的公园城市价值导向体系，包括"总体目标—重点领域—具体指数"三个层级（见图2-10，表2-5），以期探索从适用于特定城市的方法上升为具有普遍指导意义的解决方案，并对综合复杂的城市建设发展成效进行可感知、可量化的系统评估（石楠等，2022）。

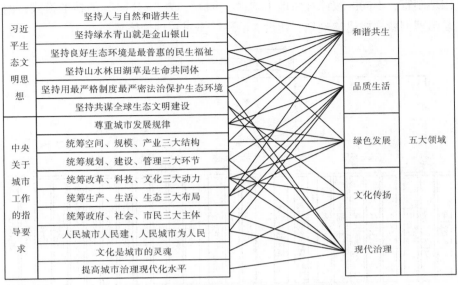

图 2-10 公园城市指数五大领域逻辑推导

资料来源：中国城市规划学会，四川天府新区党工委管委会，公园城市指数（框架体系）[R]. 2020。

表 2-5 公园城市"1+5+15"指数

总体目标	重点领域	指数
和谐美丽、充满活力的永续城市	和谐共生	安全永续、自然共生、环境健康
	品质生活	城园融合、田园生活、人气活力
	绿色发展	生态政治、生态赋能、绿色低碳
	文化传扬	文化传承、文化驱动、开放包容
	现代治理	依法治理、基层治理、智慧治理

资料来源：作者根据公开资料整理。

　　此外，由中国风景园林学会组织编写的《公园城市评价标准》（T/CHS-LA50008—2021），面向全国各地公园城市建设，在行业层面出台了普适性指引性政策规范，初步确定包括 7 个大类 25 个中类的公园城市评价指标体系（见图 2-11），以期为各地建设高质量可持续发展的现代化城市、打造美丽宜居魅力家园提供决策依据与方法指引（蔡文婷等，2021），并已于 2022 年 3 月 1 日实施。《公园城市评价标准》（T/CHSLA50008—2021）体现出四大创新：一是理念创新，引导城市尊重自然、、顺应自然、保护自然，并基于自然资源禀赋科学规划、合理建设、绿色高质量发展；二是机制创新，建立"人、城、园"三元互动平衡、和谐共生共荣的发展机制；三是模式创新，因地制宜、不同区域针对性地采取"公园+"或"+公园"的精准模式；四是治理创新，构建"规划、建设、治理"全过程评价体系。

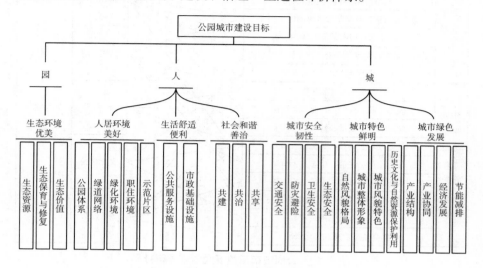

图 2-11 公园城市评价指标体系

图片来源：中国风景园林学会，《公园城市评价标准》（T/CHSLA50008—2021），北京：中国建筑工业出版社，2022 年。

伴随着理论的深化与实践的发展，2021 年 2 月 18 日，《天府新区公园城市高质量发展指标体系》正式发布，从高质量发展的建设目标、建设路径、建设效果三个维度出发，构建了涵盖天府新区构建综合创新、协调、绿色、开放、共享的新发展理念，效果印证的"1+5+1"高质量发展指标体系，旨在把高质量发展的理念和逻辑贯穿新区发展全过程，逐步形成了多样性、开放性的公园城市标准体系。除了上述一级指标，该评价体系还进行了具体指标的细化，包括经济规模、经济质量、经济效率、创新基础、创新投入、创新产出、绿色生产、绿色生活、绿色生态、内部协调、外向协同、平台支撑、开放水平、国际交流、对外通道、开放平台、居民收支、公共服务、现代化建设成效、市民感受与社会治理成效 21 项二级指标与 72 项三级指标。在 2021 年 11 月发布的《成都市公园城市建设发展"十四五"规划》中，提出了"坚持创新驱动，探索生态价值创造性转化路径""统筹协调共荣，促进城乡共融城园交融""坚持绿色发展，推动公园城市三生融合""探索开放路径，加强公园城市辐射能力""推进共建共享，提升公园城市幸福指数"，"坚持安全发展，提高公园城市管理水平"

六项基本原则，与之相对应的是创新转化能力显著增强、城市空间形态持续优化、绿色空间系统更加完善、宜居生活魅力充分彰显四项发展目标，并依据生态格局、空间形态、价值体系、生活方式与社区环境五个方面，构建了公园城市建设主要发展指标体系（见表 2-6）。

表 2-6 "十四五"时期成都市公园城市建设主要发展指标体系

类型	序号	指标名称	2020 年	2025 年
以"山水林田湖城"为抓手，构筑公园城市生态格局	1	全市森林覆盖率/%	40.2	41
	2	森林蓄积量/万立方米	3 677	4 000
	3	湿地保有量/万公顷	2.87	2.97
	4	综合物种指数 \ 本地物种指数	—	0.6 \ 0.9
以"全域公园体系"为支撑，优化公园城市空间形态	5	累计建成各类公园/个	—	1 000
	6	建成区公园绿地服务半径覆盖率/%	87.21	90
	7	累计建成各级绿道/千米	4 408	10 000
以"生态多元持续"为导向，构建公园城市价值体系	8	EOD 城市发展模式试点/个	—	23
	9	公园城市生态产业总产值/亿元	867	1500
以"绿色低碳健康"为目标，营建公园城市生活方式	10	建成区绿地率/%	36.27	40
	11	建成区绿化覆盖率/%	42.47	47
	12	公园城市示范片区/个	78	200
	13	累计建成"回家的路"社区绿道/条	1 127	2 000
以"安全韧性和美"为特质，打造公园城市社区环境	14	新增立体绿化面积/万平方米	23.6	100
	15	建成区绿视率/%	—	30
	16	公园城市特色街区/个	35	175
	17	公园式小区/个	77	1 000
	18	"金角银边"示范点位/个	—	1 000

资料来源：《成都市公园城市建设发展"十四五"规划》。

与此同时，部分学者重点关注其他地区的公园城市评价体系构建问题。马子豪（2020）从生态性、文化性、景观性、社会性等诸多角度对公园城市生态景观建设进行综合分析，将评价分析指标划分为居住空间布局、生态环境、城市景观、文化体验与公共特征 4 个维度，筛选出 35 个评价指标，使用 TOPSIS 分析法构建了评价模型。刘滨谊等（2021）以山东淄博市全域公园城市建设规划项目为实践验证，依据现有条件反馈进行调整，提出了构建包含 5 项评价基准、15 项评价标准、45 项评价指标的公园城市评价体系，其中，"人""境""业""城""制"五种元素分别有 4 项、11 项、6 项、20 项、4 项评价指标。姚夏晴等（2022）在公园城市视角下探索了中心城区公园体系的评价指标，该体系分为评价视角、适用范围、目标准则与衡量标准四个部分，并依次剖析了要素基本特征目标层、结构与层次目标层、功能与品质目标层三个层次。相关文本与研究从目标、概念、内容、路径等全方位构建了展现公园城市理念的系统体系，为新发展阶段中国人居环境发展提供了极具前瞻性的坐标系。

（二）公园城市背景下公园绿地建设

随着生产力水平的显著提升与生产关系的不断调整、人们对人与自然认识的深化，部分学者通过总结处理人与自然关系方面的历史经验，更加顺应自然、以自然修复为主的公园绿地建设理念受到了广泛关注。在早期研究中，有学者总结归纳了城市生态基础设施建设的十大景观战略，包括维护和强化整体山水格局的连续性；保护和建立多样化的乡土生境系统；维护和恢复河流和海岸的自然形态；保护和恢复湿地系统；将城郊防护林体系与城市绿地系统相结合；建立无汽车绿色通道；开放专用绿地，完善城市绿地系统；融解公园，使其成为城市的绿色基质；建立乡土植物苗圃基地等。相关研究普遍认为我国公园绿地建设主要存在公园绿地的数量不能满足客观发展的需要、分布不够均匀合理、质量有待提高、种类不够丰富、活动内容相对贫乏、建设维护资金不足、行业管理落后和法制不够健全等一系列问题。相关研究成果通常基于和谐性、高效性、持续性、整体性与系统性等基本原则，提出了建设要求，指明了发展方向，但是一般未提出明确的评价指标体系。

党的十八大以来，以习近平同志为核心的党中央把生态文明建设摆在全局工作的突出位置，以前所未有的力度抓生态文明建设。尤其是公园城市理念提出以来，关于公园绿地建设的研究热度与日俱增，研究成果汗牛充栋。从研究对象来看，多是以小见大，从具体案例出发探寻公园城市背景下公园绿地建设的一般规律，如王彬（2021）上海市青浦区提出了蓝绿交织、城园相融、增绿筑景、乡村振兴、开放连通与环湖升级六大规划策略；李春涛等（2021）研究形成了包含 6 个维度、5 个要素、13 个指标的合肥市许小河公园绿地空间品质量化物质空间与场所感知体系；郑宇等（2021）发现英国伦敦市主要从建设绿色生态基底（绿色基础设施规划）、评估生态基底多元价值（绿色资金账户保障）、后期保障（政策管制保障）三方面，保障公园城市的实施；王红和田孝帅（2020）探寻了公园城市建设背景下成都市青白江区的城市文态、形态、绿态、业态发展，提出以科学规划为引领、以项目建设为抓手、以智慧城市为亮点的发展思路。

本书依据部分学者的研究成果，归纳总结出公园城市理念下的公园绿地建设特征。从建设理念来看，突显了环境公平、城市韧性、诗意宜居、产城融合、"三生"统筹等理念，始终坚持以人民为中心、以生态文明为引领，将公园形态与城市空间有机融合，生产生活生态空间相宜、自然经济社会人文相融。从营建思路来看，从选址、评估、策划、规划、设计、建设、运营、管理各个层次与环节，将公园城市理念一以贯之，大致可以归纳为五个方面，即一是以绿为底，更加突出公园绿地的生态性；二是以人为本，更加强化公园绿化的公共性；三是以园为纲，充分展现公园绿化的美学性；四是以景为媒，充分发挥公园绿化的经济性；五是以文为魂，积极发扬公园绿化的文化性。在规划方式上，大多数城市普遍采用"公园+"的理念和做法，在着手新区规划时，以城中有园、园中有城的城园融合发展为理念，立足于人民群众对美好生活的向往和城市发展的整体视野，将不同形态、不同规模、不同类别的公园介入和参与城市格局的规划。与此同时，优先考虑中心公园的选址，以大型城市公园为核心，构建绿色生态环境基底，"以园聚人"，进而推动"围园而居""围园而创"，从而带动城市新区的发展。在功能定位上，赋予了公园绿地新的内涵，即使公园"景区化、景观化、可进入、可参与"，能够创造满足人民群众美好需要的生活场景，同时顺应城市、自然、人文等相互融合、有机更新的聚居形态，构建星罗棋布、类型多样的全域公园体系，彰显"城在绿中、园在城中、城绿相融"。在空间布局上，采用网状布局结构实现高效覆盖区域，有机连接网络中的生态过程和游憩序列。在形态模式上，强调开放和共享，新城的公园绿地需破除有形的封闭边界，实现内部绿色空间与街巷空间的公共化。在运营管理上，园内安全与管理可依托物联网和智慧系统维护，公园经济内循环依托区域旅游发展的带动，不再依赖单一的门票经济收入，同时注重参与型公园的建立，形成"政府引导、企业参与、居民共商共建与共担共治"的多元管理机制。在文化传承上，以系统性、前瞻性与创新性的视角深入挖掘区域文脉，成为公园可持续发展和永葆生命力的关键。

（三）天府新区公园绿地研究进展

在中国知识基础设施工程（CNKI）平台上，以"天府新区"为主题进行文献检索，发现截至2024年6月30日共有1 364篇学术期刊文献，涵盖204篇北大中文核心、CSCD核心与CSSCI核心期刊文献；学位论文308篇，包含5篇博士论文与303篇硕士论文。其中，发文量排名前三的研究机构分别为西南交通大学、四川大学与电子科技大学，近几年的研究主题主要涉及"文化产业、公园城市、城市新区"等（见图2-12）。

"民之所忧，我必念之；民之所盼，我必行之"。整体来看，对于天府新区公园绿地公开发表的学术研究较少，高质量文章乏善可陈，实践发展已经领先于理论研究。仅存的研究多集中在宏观上的规划层面，如绿地系统规划、生态环境保护、生态服务质量与绿色空间体系构建等。与此同时，部分学者对绿色基础网络的构建，城市森林生态系统建设，公园城市建设，公园城市与"两山理论"相结合等问题进行了深入研究，提出了具有借鉴意义的规划建议。也有少量学者对天府新区的部分绿地进行了规划设计研究，并提出了政策建议。吴媚（2018）探索性地运用Place-keeping理论，通过实地考察、访谈、问卷调查等方法，对鹿溪河湿地公园进行了评价。宋明川（2020）以天府新区中央公园路网项目设计实践着笔，研究内容涵盖道路标准、横断面组成、立交体系、道路竖向高程、管线设置、与地铁结合、近远期结合等方面。侯潇等（2022）重点从清水型生态系统构建、林—水一体化建设与环湖绿地建设三个方面，关注了兴隆湖公园的建设实践与创新。但是整体而言，尚未有具体清晰完善的指标体系与评价框架，在分析的深度和精度上仍有较大的上升空间。

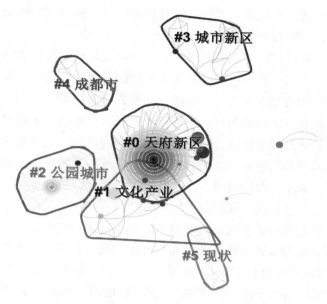

图 2-12　天府新区研究高频关键词 citespace 聚类图

图片来源：Citespace v6.1.6。数据来源：中国知识基础设施工程（CNKI）。

四、既有研究工作总结与趋势分析

对上述文献的参阅，为本书的研究工作提供了理论基础与丰厚素材，同时也为下文的展开提供了科学的参照系。通过对比国内外的相关研究不难发现，国外研究在研究方法与理论等方面更加成熟，开创了景观绩效的理论基础，研究领域相对发散，在研究方法上，相关问卷和量表经过长期以来的筛选，被广泛运用于科研与实践当中，分析工具和技术手段等方面的创新层出不穷，以此更好地服务政府科学决策。总体而言，国外研究成果的突出特点，同时也是国内相关研究亟待提升的领域，未来亟须确保研究的科学性、思想性，与人民性齐头并进。

其一，国外既有研究成果、研究视野更加成熟开阔，实证检验更加完备，更加注重跨学科的综合研究。国外相关研究人员来源更加广泛，不仅局限于高校与科研院所的研究人员，提出的问题角度、实证的研究方法创新性较强。同时，在研究内容和研究方法上经常与社会学、历史学、经济学、管理学等学科相互借鉴、取长补短。此外，重视数据搜集与完整资料保存的传统，使得国外学者有着丰富的研究资料与广阔的研究对象，获取资料也更加便捷，不仅增强了相关研究的可信度、精细度与清晰度，更使得横纵向对比研究行之有效。

其二，国外既有研究成果更加注重实证研究与理论研究相结合，注重案例分析。一方面，作为近现代意义上公园的发源地，西方主要发达国家对于景观绩效的研究由来已久，实践发展推陈出新。另一方面，国外的相关研究更多涉及具体的案例与实地调查的资料，实证结果被用来验证与修正研究结论，更具现实价值。反观当前部分国内研究，主要集中在景观绩效评估指标体系和测量方法方面的探讨，在景观绩效的理论基础和架构领域较为薄弱，关于景观绩效的实证研究多停留在部分成功案例，并且研究成果的适应性往往拘泥于有限的区域或部门。

其三，针对部分核心概念的模糊不清，在一定程度上阻碍了国内学者对公园城市景观绩效评价的深入研究与理论建构。在研究过程中，内涵外延、逻辑架构、作用机理等因果关系的不清晰，带来了研究成果实用性、有效性与解释力不足的问题，例如，公园城市理念如何实践生态文明建设，公园城市理念如何具体指导城市规划与场景营造等问题，尚存在较大的争议。

其四，当前国内学术界的研究范式发展存在一定的不充分问题。部分学者从不同视角对公园城市理念的发展进行了细致梳理，对景观绩效的研究不断深化，多领域全方面评价体系初步形成，但是相关学者在研究过程中往往"就公园城市论公园城市""就景观绩效论景观绩效"，并没有在此基础上对现有基本经验与发展态势进行全面总结，没有将其上升到中国特色社会主义发展道路的高度进行总结提炼。

综合以上的分析并结合研究对象的客观实际，本书主要基于 LPS 评价体系来进行相关指标因子及量化方法的选择，后文在此基础上进行拓展延伸。

第三章　天府新区公园绿地建设现状与特征

　　"蜀人矜夸一千载，泛溢不近张仪楼。""人民对美好生活的向往，就是我们的奋斗目标。"具体到公园城市理念下的公园绿地建设，亟须明确我们需要怎样的"公园城市"，还应指明如何提升"公园绿地"水平。天府新区公园绿地建设集中体现了"坚持问题导向"的实践价值，始终致力于满足人民群众对美好生活的向往，实现人、城、境、业的多元和谐统一。本章共分为四节，从天府新区公园绿地建设的基本情况着眼，具体分析了天府新区公园绿地的基本特征，借鉴"花园城市"新加坡公园绿地建设模式，初步探寻了提升路径与改进方法，为景观绩效评价打下实践基础，是坚持"人民城市人民建，人民城市为人民"，打造生产、生活、生态有机融合的生命共同体的生动诠释。

第一节　天府新区公园绿地规划设计和建设背景

一、生态本底

　　习近平总书记曾多次强调生态本底在城市建设中的重要地位，提出了"城市规划建设的每个细节都要考虑对自然的影响，更不要打破自然系统"，"城市规模要同资源环境承载能力相适应"，"要让城市融入大自然，不要花大气力去劈山填海，很多山城、水城很有特色，完全可以依托现有山水脉络等独特风光，让居民望得见山、看得见水、记得住乡愁"等一系列重要论述。城市建设要以自然为美，将好山好水好风光与城市元素有机融合，充分利用原先生态本底，因地制宜、得景随形，宜水则水、宜山则山，使城市内部的水系、绿地同城市外围河湖、森林、耕地形成完整的生态网络。

四川天府新区位于四川省成都市主城区南部偏东方向，地处第二阶梯西南部、四川盆地西部、成都平原腹地。

在气候上，四川天府新区属亚热带季风湿润气候区，夏季炎热多雨，冬季低温少雨，降水量四季分配不均匀，降水多集中在夏秋两季，冬春两季降雨稀少，光照热量充足，日照率在24%～32%之间，多云雾，雨热同期，雨量充沛且降水的年际变化不大，四季分明，无霜期长。境内土壤有水稻土、潮土、紫色土等类型，土壤肥沃，耕种条件良好。

在地形地貌上，四川天府新区域内总体地势为西北、西南高，东南低。地形对于公园绿地能起到基础与骨架、空间形成、造景组景和改善气候的作用。该地区地貌类型复杂多样，地形以浅丘和台地为主，形成剥蚀和侵蚀堆积地貌景观，山脊多为不规则条形山脊、圆顶山包和侵蚀洼地相间的地貌，山地则主要集中在作为平原与丘陵的分界线的龙泉山地区，除此之外，还有彭祖山余脉和牧马山台地。

在水文上，四川天府新区区内河流纵横，水系发达，主要由长江支流岷江水系和沱江水系构成。水体对公园绿地能起到基底、系带与焦点作用。岷江、锦江、鹿溪河、西江河及龙泉湖-三岔湖是该地区的主要河流，此外还有东风渠、府河、跳蹬河、江安河、锦江、南河、鹿溪河与赤水河等流经天府新区。

整体而言，四川天府新区山拥水润，形成了两湖、三山、四河的水土共生格局，呈现"三分山水四分田，三分城市嵌其间"的良好局面，共同构成了区内良好的生态本底。

二、经济基础

"不谋万世者，不足谋一时；不谋全局者，不足谋一域"。天府新区应改革而生、因改革而兴、为改革而行，始终坚持把改革创新作为破解发展难题、增强发展活力、厚植发展优势的重要抓手，在提升区域经济引领力、综合承载力、区域协同带动力、高质量发展增长力、可持续发展力上作出先行探索和杰出示范，并以"新时代公园城市典范"入选2020年度中国改革典型案例。

立足新发展阶段，天府新区公园城市高质量发展成果凸显，经济总量持续跃升。

2014 年以来，四川天府新区累计完成地区生产总值 2.15 万亿元，年均增长 8.6%。2021 年四川天府新区完成地区生产总值 4 158.8 亿元，增长 9.7%，在 19 个国家级新区中稳居第五位，迈入国家级新区第一方阵。较 2014 年（1 681 亿元）增长近 2.5 倍，连跨 3 个千亿级台阶，以四川省 1% 的面积创造了全省十三分之一的经济总量，保持两年跨越 1 个千亿级台阶的良好发展态势，占全省总量比例较成立之初提升 1.8 个百分点、达到 7.7%。同时，建设总部商务区、成都科学城、天府国际生物城等 11 个重点产业功能区，培育汽车制造、电子信息、数字经济 3 个千亿级产业集群，培育生物医药、装备制造等 11 个百亿级产业集群，集聚世界和中国 500 强企业 120 余家、国家高新技术企业 4 511 家、新经济企业 17.3 万余家，建成投运天府国际会议中心、成都超算中心等重大功能平台，挂牌运行天府兴隆湖实验室、天府永兴实验室、天府国际技术转移中心，腾笼换鸟激活科创经济。

贯彻新发展理念，天府新区公园城市高质量发展基础夯实，发展理念充分集成。

在创新领域，2021 年四川天府新区研发经费增长 100% 以上，加快完善以实验室为引领、重大科技基础设施为核心、高校院所和创新型平台为支撑的科技创新体系，做优做大做强创新策源转化核心功能，带动西部（成都）科学城全面成势，加速推进创新驱动发展，担好"创新策源地"重任。同时，引进华为鲲鹏等高能级产业项目 753 个、总投资超 8 000 亿元，聚集中科系、中核系等国家级创新平台 35 个，引育清华能源互联网研究院等校院地协同创新平台 56 个，累计吸引两院院士等高层次人才 418 名、科研团队 47 个、各类创新人才 17 万人，校、院、地协同创新改革经验在中央改革系统宣传推广，沿兴隆湖周边布局了成都科学城，聚集"实验室""大装置""国家队""高校圈""人才港"等关键工作，创新动能不断聚集，国家战略科技力量提级增效。

在协调领域，四川天府新区突出成渝地区双城经济圈建设的总牵引，首创"四川区域协同发展总部基地"，以"总部+基地"模式推动与全省 20 个市（州）协同发展，以"研发+生产"方式推动与成都 8 个区（市）县深度合作，以"统筹+协调"设计推动四川天府新区 7 个片区统筹发展，以"科技+策源"架构推动四川天府新区、成都高新区、成都东部新区和西部（成都）科学城"三区一城"有机耦合，全方位构建助力成渝地区双城经济圈建设的"1+7"区域高水平协作新格局，推动成渝地区双城经济圈建设从科技、产业、城市、开放，向人文、党建、治理等领域延伸拓展。

在绿色领域，四川天府新区获批全国首个公园城市标准化综合试点，建成连片绿地湿地、河湖水体、城市森林 7.5 万亩，形成大开大阖的城市架构，着眼新区公园城市绿色低碳高质量发展的现实需要，和绿色低碳创新策源中心、绿色新兴产业发展引擎、未来城市绿色发展典范的自身定位，推动形成资源节约和保护环境的空间格局、产业结构、生产方式、生活方式，努力探索"双碳"目标引领下新区公园城市绿色低碳高质量发展之路。2021 年，四川天府新区新增城市绿地和森林面积超 7 000 亩，空气质量优良天数达 304 天，同比增加 14 天，环境空气质量综合指数排名位居"5+2"主城区第 1 位；森林覆盖率提高至 26.03%，新增绿地面积 212 公顷，人均公园绿地面积已达 18.64 平方米。

在开放领域，四川天府新区作为"一带一路"建设和长江经济带发展重要节点且被赋予"打造内陆开放门户"使命的国家级新区，始终坚持世界眼光、国际水准，用好国际国内两个市场、两种资源，抢抓开放发展机遇，不断推进外事、外资、外经、外贸、外宣"五外联动"升级，持续优化外商投资环境，依托国际友城、中日合作示范项目等涉外平台资源，举办多项国际合作与对外交流活动，实现在服务国家对外开放战略中聚势聚能提质发展，推进更高水平对外开放，建设内陆开放经济高地和参与国际竞争的新基地。四川天府新区开放带动能力显著增强，加快建设中意、中韩等 7 个国际合作园区，成都（日本）动漫创意产业中心等国际合作项目落户，新川国际、中意文化交流城市会客厅正式开馆，天府国际会议中心投入运营，西部国际博览城举办重大展会活动 158 场，与青岛西海岸等 5 个国家级新区建立战略合作关系。

在共享领域，四川天府新区坚持以底线思维推进高质量发展，"拉高线"与"守底线"同步推进，"提品质"与"保安全"一起抓，通过加大税收、社保、转移支付等调节促进"调高、扩中、提低"，实现经济发展与民生福祉同频共振，努力形成橄榄型分配结构，促进社会公平正义，使辖区人民群众朝着共同富裕目标扎实迈进。始终坚持以人民为中心的发展思想，突出公园城市理念下"人城产"逻辑，引导城市发展、突出生活导向、回归人本逻辑，以实际行动践行"人民城市为人民"的初心使命。同时，"文体惠民"公共服务水平持续提升，推进 118 个"15 分钟生活圈"规划建设，在基本公共服务满覆盖的基础上加强精准配套，适度超前布局重点公共服务配套项目，以理想街区模式打通公园城市建设的"最后一公里"，按照街区一体化理念实现公共空间与多元功能的无界融合；策划"公园城市艺术季""GO 天府乐青春"等品牌文化活动，指导开展公共文化活动 3 000 余场次，让广大群众共享发展丰硕成果。

三、相关规划

四川天府新区历经四年紧锣密鼓的筹备工作，于 2014 年 10 月正式获批成为国家级新区（见表 3-1）。天府新区建设发展实现从"白纸绘图"成长为一座"公园画卷、高楼矗立"的国际化现代新区。在天府新区的公园绿地发展史中，首创"城市设计图则+公园城市规划图则"双重管控，共有 5 版中对天府新区的公园绿地作出了相关指示，分别是《四川省天府新区总体规划（2010—2030 年）》（2011 年）、《成都市绿地系统规划（2013—2020 年）》（2015 年）、《成都市城市总体规划（2016—2035年）》（2018 年）、《成都市绿地系统规划（2019—2035 年）》（2020年）、《成都市国土空间总体规划（2021—2035 年）》（2022 年）。

表 3-1　四川天府新区建制沿革大事记

时间	大事记
2010.09	中共四川省委、四川省人民政府提出天府新区规划
2011.05	国务院批复《成渝经济区区域规划》，首次规划建设天府新区
2011.11	四川省政府办公厅发布《四川省人民政府关于四川省成都天府新区总体规划的批复》，原则同意《四川省成都天府新区总体规划（2010—2030）》
2011.12	四川省成都天府新区建设启动仪式在成都举行
2012.02	《西部大开发"十二五"规划》进一步提出加快把天府新区建设成为西部地区重点城市新区
2013.07	四川省成都天府新区成都片区管理委员会正式成立
2013.12	成都市天府新区政务服务中心正式运行，省政府正式向国务院报送了将四川天府新区批准为国家级新区的请示
2014.09	国务院《关于依托黄金水道推动长江经济带发展的指导意见》要求推动天府新区创新发展

表3-1(续)

时间	大事记
2014.10	国务院同意设立四川天府新区,打造成为内陆开放经济高地、宜业宜商宜居城市、现代高端产业集聚区、统筹城乡一体化发展示范区
2014.11	国务院同意并正式印发《四川天府新区总体方案》
2014.12	四川省人民政府办公厅印发《四川天府新区工作安排方案和四川天府新区管理体制方案》
2015.03	中央机构编制委员会办公室批复设立四川天府新区管理委员会办公室
2015.11	《四川天府新区总体规划(2010—2030年)(2015版)》正式发布
2016.10	省委副书记、省长、四川天府新区管委会主任尹力主持召开四川天府新区管委会第一次全体会议
2017.03	国务院印发中国(四川)自由贸易试验区总体方案的通知,其中成都天府新区片区90.32平方千米
2017.04	《四川省推动农业转移人口和其他常住人口在城镇落户方案》印发,合理引导人口向四川天府新区成都片区等重点区域转移
2017.06	四川天府新区获批国家双创示范基地
2017.12	在四川省委十一届二次全会确立的"四项重点工程"中,天府新区被标注为四川"百年大计"
2018.03	准予设立天府新区成都片区保税物流中心,天府新区融入"一带一路"建设迈入新时代
2019.06	《中共四川省委四川省人民政府关于加快天府新区高质量发展的意见》印发
2019.12	四川天府新区成都片区人民检察院、四川自由贸易试验区人民检察院揭牌成立
2020.12	设立四川天府新区党工委、管委会
2021.03	最高人民法院发布《关于为成渝地区双城经济圈建设提供司法服务和保障的意见》,支持天府中央法务区建设
2021.07	国家版权局批复同意在天府新区设立"国家版权创新发展基地"
2021.12	《关于支持四川天府新区开展公园城市标准化综合试点的复函》印发,批准四川天府新区开展公园城市标准化综合试点(期限2022—2025年),形成公园城市标准化建设可复制可推广的经验
2022.02	四川天府新区公园城市标准化综合试点正式启动
2022.11	天府锦城实验室正式揭牌

资料来源:作者根据公开资料整理。

立足新发展阶段，在新型城镇化背景下，为进一步落实成渝经济区区域规划的要求，培育新的增长极，带动全省和整个西部地区经济社会发展，2011 年的《四川省天府新区总体规划（2010—2030 年）》提出构建"一区两楔八带"的生态绿地系统结构，将城市的公园系统划分为生态区、绿楔、风景名胜区、其他绿地、城市公园和绿道等。在景观风貌发展上，将天府新区定位为人文与生态和谐、都市与自然共融、现代与传统呼应的"现代生态田园城市"，规划新区的整体结构为"两轴、四带、九区、多点"。在用地布局上，通过多轮细致分析研判，强调了生态用地的保护和建设，生态、农业、河流湖泊用地占比达到 60% 以上，确保了生态空间的主导地位，并最终科学划定了 96 平方千米的公园绿地面积（见表 3-2），包括新川片区中心与中和片区等拟新增的集中绿地，为后续大规模公园建设奠定了雏形。

表 3-2　四川天府新区用地布局规划　　单位：平方千米

用地类型	工业用地	先进制造业	创新产业	居住用地	公共设施用地	公园绿地面积	城镇建设用地总面积
面积	167	97	70	120	92	96	650
比例	25.7%	14.9%	10.8%	18.5%	14.2%	14.8%	100%

资料来源：作者根据《四川天府新区总体规划（2010—2030 年）（2015 年版）》整理。

与此同时，在创新国家园林城市生态建设理念指导下，2015 年的《成都市绿地系统规划（2013—2020 年）》将绿地系统布局结构确定为"一带两楔，九廊四核，点网密布"。在公园绿地上，天府新区规划了 4 处市级综合公园，11 处城市片区级公园（面积>30 公顷），不少于 31 处产城一体单元级综合公园（20～30 公顷）和 280 个社区公园。随着共建"一带一路"倡议和"长江经济带"战略的提出，2018 年的《成都市城市总体规划（2016—2035 年）》着重生态系统质量和稳定性的举措，提出了"两山、两网、两环、六片"的生态格局，并再次凸显了天府新区在生态格局构建上举足轻重的地位。在"公园城市"理念于天府新区兴隆湖公园提出后，天府新区加快推进公园城市建设，加快推动城市场景体系构建（见表 3-3），努力建设全面践行新发展理念的公园城市，并于 2020 年编制了新一轮的《成都市公园城市绿地系统规划》，深入贯彻落实公园城市建设理念，积极融入公共健康角度的考量，提出公园绿地中"海绵城市"设计的重要性。针对天府新区，规划了 15 座综合公园，面积 755 公顷，4 座专类公园，面积 239 公顷，并着重提出对兴隆湖区域保护的加强。此版规划一方面显示出现今天府新区的公园城市绿地系统尚未完善，另一方面未来众多的公园绿地建设也对可持续、高质量的精准设计提出了更高的要求。截至 2021 年年底，天府新区统筹核心生态要素和全域生态资源，锚固"70.1%生态空间"，依托山水湖泊的生态骨架，已初步形成了"一山、两楔、三廊、五河、六湖、多渠"的大美生态格局。党的二十大以来，成都市持续推动人与自然和谐共生，加快优化公园城市空间格局，提出尊重自然地理格局、保护山水生态骨架、防止城镇粘连发展，致力于构建市域"两山、两网、三环"的生态格局，其中在天府新区重点打造环城生态公园、第二绕城高速公路田园生态区与第三绕城高速公路生态控制带。

表 3-3　四川天府新区特色多元场景营建模式

场景模式	具体内容
"公园+" 模式	依托基于城市公共绿地打造的公园绿地，积极营造生态体验、休闲康养、文化创意、惠民服务、风貌保护等"公园+"多元生态场景，推动生态空间与社区生活、项目探索、产业发展、文化传承、科技赋能等有机融合，统筹做好多元业态同步规划、同步设计、同步建设，致力形成"公园+"生态价值创新转化模式
"绿道+" 模式	将区域、城区、社区三级绿道体系串联成网，城市绿廊与场景营造充分结合，通过打造"绿道+赛事""绿道+夜市""绿道+美食"等多元场景，以"绿道+"串联起"以道营城、以道兴业、以道怡人"的生态价值转化路径，植入文旅体设施等，促进农商文旅体融合发展，加快形成"绿道+"生态价值创新转化模式
"蓝网+" 模式	实施"天府蓝网"行动，以河湖水系为基础、岸线绿地为关键、滨水空间为核心，通过水岸一体化打造，融入文化体验、水生态景观带等多元场景，构建蓝绿交织的公园体系，推动自然生态保护、人居环境改善、多元业态融合，努力形成以"蓝网+"为核心的生态价值创新转化模式
"林盘+" 模式	坚持以田园为本底、林盘为标识、项目为牵引，通过依托林盘建设特色街区（镇），形成"特色镇+林盘+农业园区""特色镇+林盘+景区""产业功能区+特色镇+林盘"等路径模式，促进农商文旅体融合发展出新场景、新产品、新业态，着力打造"林盘+"乡村生态价值创新转化模式

资料来源：作者根据《成都发展改革决策参考（2021）》整理。

第二节　天府新区公园绿地发展特征

一、公园绿地建设历程

"以往知来，以见知隐"。细致梳理天府新区公园绿地建设的历程，可以将其归纳总结为三个发展阶段——发展萌芽期（2013 年以前）、实践探索期（2014—2017 年）与快速发展期（2018 年至今）。

在发展萌芽期（2013 年以前），天府新区尚在转型升级中，在天府新区设立之初的城外郊地上"白纸画图、平地立城"，坚持"先绿后城""城在绿中"，大力进行城镇建设，各交通、产业、住宅等建设先行，公园建设相对滞后，公园绿地整体水平偏低，诸多公园尚在规划建设中，已建成公园数量较少，与人民群众的期盼相差甚远。这一时期建成的公园绿地多分布在三环路或天府中轴附近，如双流区中心公园、成都海昌极地海洋公园、高新区桂龙公园、锐博足球公园、会龙公园等，服务范围较小，服务群体较少，管理维护缺位。

在实践探索期（2014—2017 年），天府新区在充分结合自然生态本底的基础上，逐步将规划蓝图落地落实，修复受损山体、水体、林地和废弃地的公园建设更新工作全面展开。一批综合公园率先建设完成，如大源中央公园、天府公园等。与此同时，各郊野公园、湿地公园陆续对外开放，如桂溪生态公园、兴隆湖公园等。这一时期多为重点建设项目，生态、社会等效益较为突出，依托原有的山体、水系因地制宜进行发展建设，推进实施生物多样性保护重大工程，建立健全全方位保护体系和监测体系，较好地提升了天府新区的景观形象，为下一轮的公园绿地建设开拓了思路，打开了视野，奠定了基础，提供了样板，明确了方向。

在快速发展期（2018 年至今），天府新区大力开展山水林田湖的全面保护和修复，科学复绿、补绿、增绿，进一步整合已有的公园绿地，改造更新升级。公园绿地数量激增的同时，基础设施逐渐完善，种类逐渐丰富，公园绿地形态逐渐优化，空间布局也更加全面均衡，"出门见绿景，300 米上绿道，500 米进公园，常态化看雪山"的高品质宜居生活魅力充分彰显。各主题公园逐渐开放，如双流运动公园、天府新区消防文化公园等。重点建设项目龙泉山城市森林公园（龙泉山麓森林公园）、锦江公园、南湖公园持续推进。在公园的建设模式上，以"公园城市"理念为指引，逐步探索出诸多"公园+"模式，融入更多元的服务功能，促进服务质量效应提升，如在天府新区成都直管区的科学城，蓝绿融城、嵌套布局、以河为轴、拥水发展。此外，以兴隆湖公园、天府科学城生态公园、鹿溪河湿地公园为核心的生态区，和鹿溪智谷公园社区形态初具雏形，打造公园城市创新实践"试验田"、高新技术"测试区"、美好生活"体验地"，宜商宜居宜游的城市功能品质显著提升，加快形成人与自然和谐发展新格局。

二、公园绿地建设现状

通过查询历年规划文本、文献、百度地图，辅以实地调研和社交平台数据，截至 2020 年 6 月，四川天府新区已建设完成综合公园 10 座，4 座尚在建设中；已建设完成 24 座专类公园，5 座尚在建设中，部分已分区对外开放使用，如鹿溪河生态区、锦城公园等；此外，已建设完成 15 座社区公园，已开放使用的公园运行情况整体良好（见表 3-4）。当前，天府新区在加快规划设计新公园的同时，对已建成的部分公园进行了生态修复，并对如鹿溪智谷河段周边公园空间进行规划和治理双向创新升级，以作为公园城市示范区的重点示范项目。从公园属性上来看，湿地公园、森林公园、郊野公园等比重较高，公园尺度较大，以改善城市生态环境为首要目标，多在保护自然的前提下，有限制地为人们提供旅游、休闲、健身等服务功能，作为整合城市职能要素的载体和媒介。

表 3-4 天府新区公园绿地信息一览表

公园类型	序号	公园名称	建成/开放时间	面积（公顷）	点评高频词语
综合公园	1	大源中央公园	2015 年	14.80	较小、免费、小湖、设施少、花、草坪、健身
	2	南湖公园	2018 年	400.00	欧洲建筑风格、免费、游乐场、婚庆主题

表3-4（续）

公园类型	序号	公园名称	建成/开放时间	面积（公顷）	点评高频词语
综合公园	3	天府公园	2016年	230.00	面积很大、人气旺、水是核心主题
	4	东风渠公园	2019年	21.67	风景好、儿童设施多、汽车主题设施多、汽车文化
	5	驿马湖公园	2020年二期收工	127.30	临湖、自然生态、锻炼设施多
	6	棠湖公园	1987年开园2020年改建	10.91	免费、历史久、利用旧河道、川西特色建筑、海棠种类多、幽静、人文气息浓厚
	7	双流区中心公园	2009年	34.00	空气好、有湖、赏樱花、白鹭、卵石浅滩
	8	白河公园	2011年	90.56	免费、银杏打卡地、环境很好、沿河道修建、周围居民、散步、生态湿地、干净、小孩子很多
	9	凤翔湖公园	2017年	42.41	免费、夜景很美、有湖、跑步锻炼、晚霞很漂亮
	10	百工堰公园	1980年	28.96	蓉城第一湖、有水鸭、喝茶、划船、钓鱼、烧烤
	11	新川之心	2017年	40.00	免费、有湖、褒贬不一
专类公园	1	龙泉花果山风景名胜区	2019年	4 300.00	免费、有果园、游客可采摘、农家乐众多、西南地区水果基地、三月赏桃花、四月品樱桃、五月吃枇杷
	2	黄龙溪风景名胜区	已建成	5 040.00	约1 700年历史、4A级景区、免费、复古文艺、小吃很多、游客多

表3-4(续)

公园 类型	序号	公园名称	建成/开放 时间	面积 (公顷)	点评高频词语
专类 公园	3	桂溪生态 公园	2016年	93.30	国际花园节举办地点、 漂亮、摄影
	4	天鹅湖 生态公园	2014年	80.67	比较大、适合散步、 跑道
	5	天府科学城 山地公园	2016年	13.00	邻近兴隆湖、举办的 活动多、风景好、未 被完全开发
	6	永安湖 森林公园 (永安郊野 公园)	2020年	206.00	粉黛、山谷花海、无 边界水系、松林绿道
	7	龙泉山城市 森林公园 (龙泉山麓 森林公园)	2020年	127 500.00	游客多、网红打卡点
	8	成都松鼠 部落森林 假日公园	2016年	33.30	收费、门票较贵、儿 童玩耍项目多、树 木多
	9	成都市 毛家湾 森林公园	2007年	55.00	年代老、荒凉、免费、 驾考、卡丁车俱乐部、 足球训练基地
	10	回龙湾 果岭公园	1993年	350.00	大型的果园、5 000余 亩的柑橘、新鲜水果 月月有、传说故事
	11	兴隆湖公园	2016年	420.00	科技城、面积大、生 态好、草地多、可以 野餐
	12	新川湿地 公园	2018年	13.00	聚集各种湿地、生态、 可以野餐
	13	和贵·滨河 公园	已建成	1.10	靠近河道、适合散步、 设施简单、全天开放、 面积小、广场舞、水 果摊
	14	亲水公园	已建成	2.86	环境优美、位置优越、 弯曲有致

表3-4(续)

公园类型	序号	公园名称	建成/开放时间	面积(公顷)	点评高频词语
专类公园	15	成都江滩公园	2018年改造	33.3	比较现代化、青春时尚、全四川最大的人造沙滩、皮划艇体验、儿童活动多
	16	成都海昌极地海洋公园	2010年	24.00	老公园、需要门票、动物表演多、北极熊
	17	久居福篮球公园	2017年	3.44	主要服务于和贵久居福的居民、篮球场人气很高、游泳池暂未投入使用
	18	万安体育公园	2014年	2.10	运动设施齐全、免费、面积不大
	19	锐博足球公园	2013年	1.50	足球场地专业、草皮合适、有专门的教练
	20	美洲时尚体育公园	2012年	200.00	比较大、场馆很多、可以滑雪、极限运动、现篮球场被拆了周围居民很不方便
	21	东安湖体育公园	2020年	32.00	大运会、运动场馆多、设施齐全、客流量大
	22	双流运动公园	2020年	7.99	国际赛事很多、周边美食多、运动设施多
	23	双流艺术公园(又名"法制公园")	2018年	22.67	有湖、环境好、有各种主题
	24	天府新区消防文化公园	2019年	4.40	面积小、消防、寓教于乐
	25	高新区桂龙公园	2013年	7.21	临河、免费、面积不大、靠近软件园
	26	明珠公园	2020年	55.00	建在天府智能制造产业园里、湖泊多、园内有博物馆
	27	竹岛公园	2019年改建	2.07	原生竹林、扁舟与水、湿地野趣

表3-4(续)

公园类型	序号	公园名称	建成/开放时间	面积（公顷）	点评高频词语
社区公园	1	麓湖生态城红石公园	2000年一期完工	3.70	提前预约、免费公园、麓湖生态城别墅区的"后花园"、儿童设施丰富、赏花
	2	浅水湾国际体育公园	2017年	100.00	公共体育设施较少、场馆收费、高档楼盘
	3	新怡公园（新怡花园小区的附属小公园）	2017年	5.00	比较大、周边停车位少、跳广场舞多
	4	陆肖社区运动公园	2020年	6.00	比较小、服务于社区、运动设施不多
	5	七里溪麓语公园	2020年	3.60	属于奥园别墅区的配套公园、现代、高端
	6	成都汇尚公园	已建成	3.50	面积小、景致一般、属于汇尚园小区
	7	吉泰活力公园	2020年	2.10	小公园、绿道方便跑步、周围都是大公司、环境好
	8	翡翠国际公园	2010年	2.50	环境不错、绿化种植好
	9	成都UPARK公园	2018年	3.80	现代、环形跑道、小孩玩耍设施还可以
社区公园	10	牧马公园	2019年	1.15	面积不大、服务于牧马山系列小区居民
	11	龙港生态公园	已建成	11.00	公园不大、荷花很漂亮、龙港社区的公园、有湖
	12	维也纳森林公园	2014年	3.90	老公园、免费、面积比较小、临河、树木多、适合纳凉
游园	1	爱心公园	2017年	7.59	绿化好、周边在建、停车难
	2	会龙公园	2011年	14.00	免费、临河、面积不大、适合散步

资料来源：作者根据公开资料整理，相关统计研究在成都东部新区设立前已经完成。

注：成都东部新区规划范围729平方千米，代管天府新区简阳片区191平方千米，管理面积870平方千米，共15个镇（街道）。

此外，涵养文化底蕴是城市建设的灵魂。正如习近平总书记指出，"一个城市的历史遗迹、文化古迹、人文底蕴，是城市生命的一部分。文化底蕴毁掉了，城市建得再新再好，也是缺乏生命力的"。不难发现，在天府新区各类型公园绿地中，儿童公园、文化公园、社区公园与游园在数量上整体偏少，公园类型结构尚需优化，人文底蕴与文脉传承亟待加强。

三、公园绿地的空间布局现状

相较于中心城区在二环以内区域的中小规模点状公园高密度分布，在二环以外的中大规模公园高密度分布的态势，天府新区的公园呈现出规模大密度小的分布态势，多呈网络布局。点状公园依托线性生态绿廊系统，构成组团式网络状的绿地结构，如锦城公园、桂溪公园组团，鹿溪河、兴隆湖生态区，锦江生态带等。与此同时，公园城市带给城市居民的绿色体验与生态价值转化率同比增加。以锦城公园为例，其建成运营后，每年生态服务价值量约为 269 亿元，预计可产生 40 年以上的持续性效益，总价值达 1 万亿元以上。

按公园绿地的类型划分，天府新区主要以专类公园、综合公园为主，社区公园和游园建设较为欠缺。其中，综合公园多结合组团生态绿带，综合公共服务设施与居住用地布局，如天府中央公园。专类公园中，以湿地公园和郊野公园分布最广，因天府新区水网密布，故湿地公园多依托东风渠、鹿溪河、锦江流域范围内的河流湿地及其中下游以及支流与干流交汇处，建设人工湿地系统与生态公园。郊野公园则依托水系和人文资源条件建设。森林公园多依托原有的森林、山水资源条件，如毛家湾森林公园即是在原有基础上进行的扩建，龙泉山城市森林公园则依托以龙泉山脉为主体，三岔湖、龙泉湖、翠屏湖为代表的生态区建设。其他专类公园在天府中轴西侧分布较多，体育健身公园比重较大，滨水公园、儿童公园等分布较少。社区公园整体分布不均衡，在麓湖、锦江沿线，多为高品质生态社区，社区公园分布较为密集，建设完成度高，其余区域社区公园较少，零散分布。

按公园绿地的行政区位划分，整体天府新区成都片区建设完成度较高，分布较为密集，以高新区南区和双流区公园密度最高，两区内公园建成状况较好，多密集分布在天府新区中轴线两侧和成都三环线外围，龙泉驿区次之，新津和简阳较少。眉山市的彭山县、仁寿县因原有生态优势突出，城镇建设用地比例较少，且规划建设较晚，故现今大多公园仍在规划建设中，投入使用的较少。

按公园绿地所在的产城功能区划分，在天府新区的一城六区中，天府新城作为区域的生产组织和生活服务中心，集聚发展各高端服务功能，人口密集、公园绿地密度高，公园类型也最为丰富，彰显了良好的城市形象，如天府中央公园、南湖公园等。其次为空港高技术产业功能区和龙泉高端制造产业功能区，两区以保障生态功能为主，公园绿地水系沿线结合乡镇和农村社区分布，均呈北密南疏的分布态势。创新研发产业功能区内公园绿地多依鹿溪河而建，集中分布在河岸两侧，如鹿溪生态区和兴隆湖公园。两湖一山国际旅游功能区和成眉战略新型产业功能区山水格局突出，依托龙泉湖、三岔湖、龙泉山和彭祖山、黄龙溪、锦江等发展休闲度假、健康养生等，并以山、水、林、田等自然资源的保护修复为重点，构建生态廊道，保护多样生态，积极探索生态优先、绿色发展的高质量发展实施路径，因此公园虽数量较少，但面积普遍较大，现大多尚在建设中。南部的现代农业科技功能区多为山水田林风光，公园绿地少，且大多尚未完全投入使用，但区内公园绿地的生态位置较为重要，如雁栖湿地便对该区域调蓄洪水、涵养水源等具有重要意义。

四、公园绿地的空间与山水关系

从环境层面上来看，天府新区的公园绿地多依托原有的山水格局分布，通过绿道串联了各公园绿地，如沿锦江流域分布的南湖公园、海洋极地公园、成都浅水湾国际体育公园直至黄龙溪风景区。北起三圣乡，南至黑龙潭风景区，沿鹿溪河分布的鹿溪河生态区、兴隆湖公园等。北起绕城高速绿带，南至黑龙潭风景区，沿东风渠分布的东风渠绿道公园、东风渠带状公园等。此外，沿跳蹬河、串联黄龙溪风景区的籍田湖公园、跳蹬河郊野公园以及沿龙泉山丘陵分布的龙泉湖湿地公园、五指湿地公园、武庙湿地公园、三岔湖湿地公园等还在规划建设中。

整体而言，天府新区内锦江、鹿溪河沿线公园分布较为密集，以点串线，以线构面，且建设完成度较高。山体水系、交通廊道和生态绿廊在公园绿地的网状布局结构中发挥了重要作用，公园内水网系统的构建也多与区域城市的天然河湖体系进行对接。相较于传统中心城区而言，天府新区的公园绿地与山水联系更为紧密。

五、公园绿地使用现状和需求现状

"城市的核心是人"是公园城市突出的价值取向，公园绿地的规划设计需要满足不同人群的个性化需求。为探求天府新区公园绿地社会层面的特征，通过在天府新区内各公园绿地及其周边进行小范围调查访谈，同时通过大众点评、携程、马蜂窝、百度地图、高德地图等 APP 整理各公园的网络高频词，见表 3-4，进而提取出天府新区公园绿地点评高频词，从宏观视角上探求天府新区公园绿地的使用现状，以及使用者的需求偏好（见表 3-5）。

表 3-5 天府新区公园绿地点评高频词

类型	点评高频词
满意程度	不错、很好、一般、较为方便、宜人
推荐程度	可以、适合、很好、好地方
活动地点	草坪、绿道、跑道、步道、广场、球场、河、树林、廊架
活动项目	锻炼、散心、广场舞、跑步、摄影、遛狗、器材
活动时间	晚上、早晨、晴天、周末
活动人员	家人、老人、孩子、朋友、情侣
设施种类	较多、较少、游憩设施、基础设施、服务设施、周边配套
设施满意度	较齐全、单一、损坏、较少、很差
其他	人多、绿化、空气、蚊虫、共享单车

资料来源：作者据大众点评、携程、马蜂窝、百度地图、高德地图等 APP 整理。

通过表 3-2 和表 3-3 不难看出，对于天府新区公园绿地的评价整体以正面居多，表明用户对于天府新区的公园绿地满意度较高。

从服务对象上来看，天府新区公园绿地不仅服务于本辖区的居民，还吸引了诸多成都其他城区的市民。对本区的居民或周边的上班人员而言，是休闲散心、锻炼的良好去处，其他市区的市民则多在节假日访问这些公园，以家庭出行或朋友结伴出行为多，进行丰富多彩的保健型、休闲型、游戏型与事务型活动。从服务的均衡性上来看，社区公园和游园这两类公园绿地的欠缺使得整体日常服务均衡性较差。但民众对见缝插针、步行可达的小游园多有偏爱，现有公园类型与分布布局距离各区域达到"开窗见田、推门见绿"的目标尚有一定差距，高档居住区和产业园区附近的公园数量较多，品质较高，如麓湖生态区和科技城，部分区域的居民对公园的数目和规模满意度较低，主要是由于公园数量不足，可达性较差，对公园绿地的使用频率较低，以柏合镇、煎茶镇、永兴镇区域的情况较为突出。

在景观体验上，人们普遍偏好有水面和植物的绿色空间，在各个公园的点评中，水（湖、河）、植物（草、树）出现频次最高，表明人们更偏好亲近自然的景观空间。在花期时，赏花人群大量增多，银杏、樱花、粉黛乱子草成为高频观赏植物，部分公园也因此成为网红打卡地，如白河公园、桂溪生态公园、永安湖森林公园等。在活动上，活动项目仍以跑步、锻炼、散步居多，相较于中心老城区，野餐、水上活动、水果采摘和一些专业体育活动等活动项目增加，天府新区的公园还承接了一些国际赛事的举办。在设施上，使用者对各公园设施满意度参差不齐，通过调研访问，大多公园绿地内基础服务设施相对完善，但部分公园存在场地功能缺失，活动设施及周边配套设施建设滞后的现象，不少点评中提到了停车、售货机较为缺乏。

与此同时，在文化传承上，相较于旧城区公园的文化，来源于本土文化的传承与发扬，唤起了使用者对传统文化的归属感，如浣花溪公园的杜甫文化、人民公园的革命文化、少城文化等，天府新区作为新城区，公园绿地的文化特色普遍较为缺失，使用者感知度较低。少部分公园注重了文化特色的表达。如锦城公园布有川西风格的建筑（见图3-1）、在天府新区消防文化公园中，通过生命之门雕塑群、历史事迹地雕、友谊林、消防主题儿童游乐设施和消防文化广场等场景传递着消防文化公园的精神内核，塑造了消防教育、学校研学、集市宣传等场景功能，凸显文化印记。一个城市的历史遗迹、文化古迹、人文底蕴，是城市生命的重要组成部分。

图 3-1　天府新区锦城公园川西风格建筑实景

图片来源：作者自摄。

第三节　天府新区公园绿地借鉴提升

一、新加坡公园绿地建设模式研究

他山之石，可以攻玉。总面积仅 728 平方千米的"城市国家"新加坡，一直拥有超前的绿色愿景。在 1959 后，随着新加坡的自治，当局开始推出了新的居住区改造政策，"邻里更新计划""家居改善计划"等改造计划分别从宏观和微观层面稳步推进。在 1963 年，新加坡时任领导人李光耀发起第一次种树运动，标志着新加坡未来参与绿化互动的兴起，提出要把新加坡打造成具备"第一世界"城市标准的东南亚绿洲，通过清洁、绿化的环境优势吸引世界投资和商旅，助力实现新加坡经济从第三世界向第一世界的跨越。1965 年，新加坡政府高度重视城市绿化环境的营造，明确了"花园城市"的建设目标，大力开展城市绿化行动，引进多样和色彩丰富的植物品种，并提出了人均 8 平方米绿地的规划标准，继而在 20 世纪 70 年代制定了道路绿化规划，80 年代增设专门的休闲设施，90 年代大力发展生态平衡的主题公园，21 世纪以来着重进行城市空间立体绿化景观设计，强调公园绿地的重要作用，逐渐完成从"花园城市"（Garden City）、"花园里的城市"（City in a Garden）到"大自然里的城市"（City in Nature）的演变。总体来看，新加坡主要是通过政策支持、法律管控、社会支持、民众参加，并由政府进行统一领导的方式进行公园绿地更新建设。

（一）新加坡公园绿地发展概况

第一阶段（1960—1989 年）：积极建设花园城市。这一时期，刚刚独立的新加坡百废待兴，政府立即着手对城市进行了环境改造和全面的绿化。20 世纪 60 年代主要通过空地植绿、缩路扩绿、见缝插绿等方式大幅增加城市绿化覆盖率；70 年代重点是道路绿化和特殊空间（灯柱、人行过街天桥、挡土墙、树干等）的绿化；80 年代是全面的城市绿化和美化，大力引入色彩丰富和有香味的植物。这个阶段的新加坡"花园城市"建设采取实用主义原则，以经济为导向，巧妙地使经济发展与绿化城市结合在一起，通过营造良好的环境达到招商引资、招才引智的效果。

第二阶段（1990—2019 年）：大力构建"花园中的城市"。为了适应新加坡经济结构转型与人口骤增的转变，新加坡政府在 1991 年修订的概念规划提出将新加坡发展为一个与自然和谐共生的城市，在发展经济的同时，为人们提供更多的绿色缓冲空间和娱乐休闲选择，其中的"蓝色和绿色规划"率先提出修建全国性公园连接绿道。21 世纪新加坡提出迈向"花园里的城市"愿景，主要有六大措施：一是建造世界级的花园；二是营造更具活力的公园与街道景观；三是善用城市空间，进行城市空间立体绿化；四是丰富城市中的动植物种类；五是提高景观及园艺水平；六是联系社区，建立绿色新加坡（赵纯燕等，2021）。

第三阶段（2020—2050 年）：尝试创建"大自然里的城市"。针对面向 2050 年的远景目标，在 2020 年，新加坡社会及家庭发展部长兼国家发展部第二部长李智陞宣布，新加坡未来将增设 200 公顷自然公园，打造景观更自然的花园，并把自然连道延长至 300 千米，目标是把新加坡从"花园中的城市"升华为"大自然中的城市"，旨在"打造景观更自然的花园，实现人与自然的完美融合"。该阶段将在已有成就的基础上，提出进一步将自然还原到城市结构中，以增强新加坡作为高度宜居城市的独特性，使公共住房更具包容性、更亲绿色、更可负担，同时减轻城市化和气候变化的影响，满足不同的住房需求，使建筑环境行业更具韧性。新加坡国家公园局以此确定了七个关键领域：一是保护和恢复自然生态系统；二是与大自然一起建设世界一流的花园和公园；三是将自然还原到城市景观中；四是加强全岛的生态和娱乐联系；五是加强动物管理、兽医保健与栖息地营造；六是建设科学技术和产业能力；七是激发社区共同创造并成为自然界的管家。

（二）新加坡景观空间体系

新加坡建设"自然之城"是"花园城市"的升级形态，拥有优化的布局结构和完善的绿化体系，是政府几十年努力积淀的环境基础设施。在空间体系建设上，新加坡通过不断优化土地资源使用，逐步构建形成了由"自然区域、公园、公园连接网络和中心绿化"四大部分共同构成的自然之城特色体系，在保证了生态环境可持续发展的同时，也为市民提供了丰富、高品质的户外公共活动空间。

1. 自然区域

新加坡通过对自然资源的精细管控，形成了层次丰富、系统科学、边界清晰的自然空间，包括自然保护区、自然公园、树木保护区以及设置在公园中的亲自然游乐花园和康疗花园等。新加坡全国共有4个自然保护区，分别为中央集水区、武吉知马保护区、双溪布洛保护区和拉柏多保护区，禁止大规模商业开发、保护原始热带雨林景观、建设新加坡特色化的生态系统成为基本原则。营造绿色生态和丰富的生物多样性是一项长期的工程，需要具备长期性、发展性、多样性的视野。作为整体保护的一部分，新加坡主要围绕四大自然保护区，建立了以自然公园形式存在的缓冲区网络，在保持质朴生境的同时，提供户外活动空间，为公众提供了亲近大自然的替代选择。为控制乱砍滥伐成熟树木的现象，1991年，新加坡在国土中南部和东部建立了两个树木保存区，以保护这些区域内大范围绿化和自然遗产。为了满足儿童的自然探索需求，新加坡在自然环境中设置了亲自然游乐花园，采用天然建材，组成精心设计的玩乐设施，让孩童参与由他们主导的自发游戏，从小培养与大自然的联系。近年来，新加坡还重点研究并推出了康疗花园，结合园艺康疗，协助使用者在自然中舒缓精神疲劳、减轻压力和改善整体健康。

2. 公园

新加坡目前拥有超 400 个公园，主要包括区域公园（Regional Park）和邻里公园（Community Park）两种类型。区域公园面积一般较大，约在 15~100 公顷之间，很多建在填海地段。具体而言，区域公园中有一类是面向世界打造的国家花园，如新加坡植物园，既是一个亚太热带植物研究中心，也是新加坡首个联合国教科文组织世界文化遗产；另一类公园滨海湾花园则展示了新加坡作为花园中的热带城市的精髓，致力于打造适宜居住、工作和娱乐的完美环境，体现了新加坡"花园中的城市"美好愿景。邻里公园是随着新加坡的新市镇、新社区建设而来的，面积通常较小，为了满足居民对公园的急切需求，提高居民的生活体验，往往配备了很多活动场地，更加注重邻里之间的交流、自然风光的引入、文化的注入以及设计形式的多样性。邻里公园根据建设和服务水平以及作用的不同又分为新镇公园（5~10 公顷）和小区级公园（1~1.5 公顷），前者占比近三成，后者占比超七成。

3. 公园连接网络

新加坡通过不断优化土地利用，增加线条式公园，包括公园连道（Park Connector Network，PCN）、环岛绿道（Round Island Route，RIR）、越岛步道（Coast-to-Coast Trail，C2C）、遗迹之路、铁路走廊和自然之路等。PCN 全长超 300 千米，以宽度 5~15 米的绿化将新加坡各大公园、自然保护区以及社区、商务中心、地铁及巴士站等连接起来，提高公园及绿色空间的可达性、安全性及利用率，既方便了市民使用，也为野生动物的生存繁衍打开了生命通道。RIR 全长共 150 千米，环绕新加坡并将自然、文化、历史和娱乐场所以及社区连接在一起，是对公园连道的补充。C2C 长 36 千米，从西部的裕廊湖花园一直延伸到中心附近的洛尼自然走廊，再到东北的康尼岛公园。遗迹之路起源于 2001 年发起的"遗迹之路计划"，旨在保护新加坡风景秀丽的重要林荫大道，保护独特的树木景观，在路的两侧设置了 10 米长的绿色缓冲区，禁止砍伐树木或植物。2006 年，有 5 条道路被列为国家级遗迹之路，包括阿卡迪亚路、宜人山道、满带路、布纳维斯塔南路、林竹康路。自然之路是种有特定乔木和灌木的路线，以促进鸟类和蝴蝶等动物在两个绿色空间之间的移动。与此同时，这些路线还将生物多样性高的地区与城市社区连接起来，创造了直接的栖息地，并使大自然更接近新加坡居民。铁路走廊的前身是一条铁路线，20 世纪初用以在新加坡和马来半岛其他地区之间通勤和运输货物。随着 2011 年铁路土地归还新加坡，铁路走廊作为一个贯穿新加坡中心的连续开放空间，链接社区共同创造新的记忆。截至 2020 年年底，新加坡共建成 39 条自然之路，全长 150 千米，计划到 2030 年将其增加到 300 千米。

4. 心中绿化

除了自上而下的公园体系建设，新加坡还很注重全社会的共同参与，广泛发动市民建设空中绿化和社区花园，不断强化根植于市民心中的绿化理念。新加坡的空中绿化包括屋顶绿化和垂直绿化，为了鼓励空中绿化建设，政府推出了"空中绿化植物奖励计划"（Skyrise Greenery Incentive Scheme，SGIS），为屋顶绿化植物和垂直绿化植物的安装费用提供高达 50% 的资金。到 2020 年，新加坡已有 268 个空中绿化项目，总面积 133 公顷（见图 3-2），2030 年的目标是达到 200 公顷。新加坡的社区花园起源于 2005 年的"布鲁姆社区倡议"（CIB 计划），包括公共屋村花园、私人屋苑、组织机构、学校、室内园艺、分配花园，以"政府—社区—居民"协作模式来实施和管理，至今已有超过 1 500 多个社区花园，吸引了近 40 000 名园艺爱好者。除此之外，新加坡还将丰富的植物、动物纳入精细化的管理框架之中，不断提升城市生物多样性，促进人与自然环境更紧密地连接，让生态友好的绿化意识深入到每一个新加坡市民的心中（赵纯燕等，2021）。

图 3-2 新加坡的空中绿化实景

图片来源：作者自摄。

具体而言，新加坡公园绿地的高质量发展主要体现在以下三个方面。其一，"社区交往+医疗康养"多元供给激发社区活力。新加坡作为典型的高密度组屋城市，立国伊始就强调集约化空间利用，城市内具有形式多样的社区空间，并将公园绿地视作居民起居室的延伸，公园绿地内设置各类共享空间和配套设施，并定期在公园内组织各种活动。与此同时，各功能区间的联结道路不仅是交通通道，也是社交连接纽带，为加强邻里联系、提升邻里互动、培育睦邻精神、创造和谐社会做出了重要贡献。例如，新加坡新协立综合社区服务中心（Enabling Village）创造出一套可触摸的标识体系——"寻路"系统，既满足不同年龄阶段，不同行为能力群体的路线导引，也作为步行网络的分支服务于周边的社区。此外，在公园绿地内，传统意义上的游乐场被改建为可满足全年龄段、各类人群游戏和锻炼需求的全代际家庭游乐场，着重关注了老龄群体的行为心理需求和青少年的游玩娱乐需求，在空间中渗透式融入了无障碍设计和多元文化元素，确保了各类群体在社区内的健身娱乐诉求。

其二，"本土特色+居民参与"提升可识别的场所特色。新加坡逐步构建了住宅—社区—市镇三层级联合的更新规划体系，强调通过建筑、雕塑、装饰等元素，塑造各公园绿地的风格性、差异性与视觉可识别性。同时，公园参与项目和艺术项目为居民提供参与提案、设计与建造公园绿地空间的机会，以社区公园为例，由建屋发展局授权在社区内试行"空白空间"专门为居民预留出一定规模的公共区域，借此共同创造居民喜闻乐见的社交空间和基础设施。居民委员会可以在国家公园委员会"社区盛开计划"的帮助下建立并更新社区花园，充分尊重并营造社区特色文化和景观。例如，勿洛（Siglap East）居民曾参与社区灵感之墙和美食嘉年华的建设，超过 2 000 名堪培拉（Canberra）居民曾参与设计组装新加坡第一个社区游乐场，近 1 000 名淡滨尼（Tampines）居民曾参与设计本社区的社交链接与社区孵化器。可参与式的公园绿地建设模式有助于不同年龄群体的居民提升社区归属感，一定程度上消解了低收入群体的参与弱势与话语弱势，凸显了公园绿地的个体特征、文化特质与区域价值，奠定了坚实的人文价值、受众群体与民意支持。

其三，"绿道系统+智能应用"创设多维可达式的绿脉网络。在绿道系统中贯彻智慧新型城市理念，利用各种移动应用程序，通过虚拟互动增强现实（AR）元素，为使用者提供精心策划的步行体验，并提供多元化、可视化、易获得的 DIY 步道指南。此外，丰富完善的标志系统提供了精确性、多元性与生动性有机结合的游览指引。立体化的全岛环线，提供了多样化的休闲绿色机会，使得公众尤其是老龄群体可以无障碍、无间断、无差异地探索全岛。可达式的路径设置、开放式的空间配置则引导各年龄段群体自主步入绿色空间，增强使用频次。见图3-3。

图3-3　新加坡的绿道系统实景

图片来源：作者自摄。

（三）新加坡公园绿地景观绩效

在生态环境层面，新加坡公园绿地的系统重塑主要体现在"生态本底+自然要素"营造可持续下的景观协同。绿道规划及景观设计注重寻求休闲娱乐、自然生态保护、公众教育和社会凝聚力等多目标的平衡。通过持续优化河道空间、改造升级生态廊道、更新康复景观公园、大力鼓励自然建筑等方式多措并举，挖掘激活低效用地，融入生态理念，提升可持续发展能力，为城市营造和谐共生的生态系统。在优化河道空间上，优先选取了部分公园绿地内的修复工程，如加冷河的碧山宏茂桥段修复工程，改造后的自然式河道成为社区居民亲近自然的科普空间。在康复景观的社区更新上，由公园国家公园管理局与高等院校的卫生系统深度合作，赋予公园绿地以康复功能，促进居民身心健康，提升老龄群体参与能力。同时，动植物、水体、土壤等自然要素均以生态设计手法有效融入城市生态系统，公园绿地内的各自然要素呈现多元化形态，既是多样生境的重要构成部分，也是各年龄群体观赏、亲近、学习与体验自然的重要载体，亦是引导老龄群体行为心理变化，营造休憩、疗愈、康乐康复景观空间的主要单元。

在社会文化层面，新加坡的公园绿地治理具有机构设置多元化、职能配置科学化、权责划分明确化与利益协调可视化四大特点，通过成立跨部门合作的专门工作委员会，高效解决技术及执法问题，具体负责指导公园绿地全生命周期的机构有人民协会、社区发展理事会与市镇理事会。其中，人民协会是社会发展、青年及体育部下属的法定机构，主要负责兴建和管理公园绿地的各类活动设施与康复景观，负责举办文化、体育、教育、娱乐、医养等便于促进老龄群体身心健康、增进邻里和睦与种族和谐的各项活动。社区发展理事会附属于人民协会，主要负责具体执行政府主导的社区治理计划，运行维护"社区关怀基金"，承担帮助弱势群体、有需要者、凝聚居民与联系社区的使命。市镇理事会隶属于国家发展部，主要负责治理、控制、维护与改善组屋区的居住环境，管理包括商业在内的社区公共配套设施，推进旧组屋及其公园绿地公共设施的翻新计划，并对社区环境保洁、绿化、污染防治等进行监督管理，是公园绿地景观建设、更新与维护的直接主体。

在经济发展层面，新加坡公园绿地的集成优化主要体现在居住就业一体化下的产城融合。其景观派生的经济效益主要表现为使用者宜居感、幸福感与城市各类产能配置及服务设施的互利互惠。以提升居民生活品质为核心打造社区要素，提供良好的公共开放空间和便利的基础设施，在社区中心内的各个商业网点，高效规划与创造工作和娱乐的机会，以包容开放的社区激活地区活力。有机融入 TOD（transit-oriented development）建设理念，通过便捷、绿色交通的建设，土地利用集约化式的综合开发与产业和服务职能的注入等规划策略，形成了轨道交通与社区中心的良性共生关系，降低了私家车流量、提高了出行效率，有效引导了绿色健康的出行方式，提高了轨道交通沿线土地开发利用价值，满足了各年龄群体在社区就近实现生活、文化便捷等多种需要。同时，对土地利用模式做出调整，在大片组屋楼房中间，大片低矮的绿地和水道纵横交错，不仅承担着社区公园的功能，而且有助于减少居民的负面情绪，促进压力恢复，提升宜居感和幸福感。例如，榜鹅新镇在"21 世纪新镇计划"的指引下，将 HDB 组屋与TOD 两大计划并行，在确定组团性质、规模和开发容量时，留存大量绿地，围绕地铁站点进行高容量的综合特色开发，优化公共交通系统，积极建设多样化生态组屋，拓展新经济增长点，多措并举激活区域经济活力。

二、天府新区公园绿地优化策略

"立志而圣则圣矣，立志而贤则贤矣。"天府新区应秉持人与自然生命共同体理念，坚持以公园城市建设为统领践行新发展理念，锚定建设"宣传习近平生态文明思想的重要窗口、世界城市可持续发展的中国方案、彰显中国特色社会主义制度优越性的未来城市样板"三大愿景，在"人类—城市—自然"和谐共生关系中把握公园绿地建设规律，系统集成构建公园绿地高质量发展"六大体系"，建设人与自然和谐共生的现代化，探索走出一条生态型、人本化、高质量、有韧性、可推广的公园绿地可持续发展新路。

其一，系统化构建标准体系，增强公园城市建设引领力。天府新区致力于强化公园城市的顶层设计和发展理念的人本回归，着力打造天府锦城、交子公园社区和鹿溪智谷三大示范工程，重塑新发展阶段公园绿地价值转化路径。既要着力探索可量化、可检视、可推广的公园城市建设下的公园绿地标准体系，也要注入科学理性内涵和理想追求，加快推动天府新区公园绿地规划建设理念、原则、框架、方法等转化为制度规范，还要有志于使公园城市规划建设与评价管理体系上升为国家标准，真正使公园城市示范引领的"谱系"更优、更快、更强、更精准。

其二，多维度构建空间体系，强化公园绿地的公共性，进一步优化公园绿地类型，统筹推进各行政区公园建设，协调各区域公园绿地不均衡问题。以园林绿地空间组织城市空间，通过绿心、绿轴、绿廊与绿楔等结构性绿地，引自然入城市，助力创造城市特色风貌。持续完善城市公园形态体系，打造更多的公园综合体形态，在天府总部商务区核心区、锦江生态活力带、天府文创城起步区等地区重点建设公园城市新场景，进一步提升人民群众的获得感、幸福感和安全感。在不同尺度上加强公园绿地建设与城市空间的渗透融合，充分彰显绿水青山的生态价值、诗意栖居的美学价值、以文化人的人文价值、绿色低碳的经济价值、简约健康的生活价值与美好生活的社会价值这"六大时代价值"，真正实现从"城市中建公园"向"公园中建城市"转变。

其三，科学化构建山水格局体系，牢守生态底线，布好"绿色棋盘"。拓展城市绿地系统规划的内涵和外延，突出城乡一体、山水林田湖草综合统筹、生境管控、生物多样性保护、生态网络构建等内容，维持生态平衡，使之能够成为国土空间规划的生态专项支撑，提高国土安全性与城市韧性（束晨阳，2021）；推进城市生态基础设施的建设，加强蓝绿融合，突出公园绿地在雨洪管理、污染净化、城市通风、安全防灾等方面的功能，资源永续，夯实韧性城市基础（王忠杰，吴岩和景泽宇，2021）。融入"双碳引领"的目标要求，努力打造生态宜居城市。保持山水脉络和自然风貌，突出"空间形态"和"内涵价值"，推进生态廊道和绿色游憩空间等建设的有序规划，全尺度构建绿色化、高韧性生态环境，积极打造绿满蓉城的山水生态公园场景、蜀风雅韵的天府绿道公园场景、美田弥望的乡村郊野公园场景、清新宜人的城市街区公园场景、时尚优雅的人文成都公园场景、创新活跃的产业社区公园场景这"六大公园场景"，真正使公园城市绿水青山的"底色"更亮。

其四，精准化构建全龄需求体系，突出以人民为中心的发展理念。着力彰显大气秀丽、生态宜居的城市形态，聚焦人民日益增长的美好生活需要，以精准精细、共建共享、智慧智能、安全韧性为方向，提高公园绿地服务和设施质量。着力彰显绿满蓉城、花重天府的城市绿韵，塑造绿色化生态场景、全龄化生活场景、品质化服务场景、人文化公园场景、安全化活动场景和韧性化治理场景。探索新型公园建设管理模式，问需于民、问计于民，创新政府主导、社会协同的方式，实现"决策共谋、发展共建、建设共管、效果共评、成果共享"。着力弘扬创新创造、优雅时尚、乐观包容、友善公益的天府文化，彰显蜀风雅韵、优雅时尚的城市文化，以健康为导向，以文为魂，积极发扬公园绿地的文化性，充分发挥公园的文化阵地作用，推动在线、在地、在场等"多次元"时空层面的沉浸式文化体验，丰富各公园绿地文化内涵，以公园绿地为载体扩展在使用者精神层面的广度与深度，提升城市整体文化底蕴，强化人们对高品质生活环境的归属感和拥有感。通过彰显舒适安逸、简约低碳的城市魅力，营造多元复合场景，创新共治共建共享的治理模式，构建绿色低碳、活力和谐、健康优雅的生活方式，真正使公园城市为民惠民的"温度"更暖。

其五，高效能构建经济动能体系，以景为媒，充分发挥公园绿地的经济性。"绿水青山就是金山银山"，绿色生态是最大的财富、最大的优势、最大的品牌。公园绿地的经济价值，不仅体现在绿色空间的物质属性上，而且体现在"保护生态环境就是保护生产力、改善生态环境就是发展生产力"上，更反映在绿色空间的场景媒介上，天府新区积极通过各种"公园+"

途径，创造具有吸引力的生活场景，聚集人气，培育产业，激发城市活力（王忠杰，吴岩，景泽宇，2021），为加快建设世界文创名城、旅游名城、赛事名城和国际美食之都、音乐之都、会展之都贡献生态基底。"人不负青山，青山定不负人"，天府新区在公园城市建设中充分发挥公园绿地的经济性，既是城市生态文明建设可持续发展的重要保证，也是建设人与自然和谐共生现代化的不懈追求。应努力将"绿水青山"蕴含的生态价值、绿色价值、文化意蕴转化为金山银山，让良好的城市生态环境成为人民群众美好生活的增长点，成为经济社会高质量发展的支撑点，成为展现中国气度中国智慧的发力点。

其六，注重公园城市文化传承功能，让公园城市更有温度、更有厚度、更有质感。习近平在中央财经领导小组第十一次会议上就曾强调，"要增强城市宜居性，引导调控城市规模，优化城市空间布局，加强市政基础设施建设，保护历史文化遗产"。公园城市理念是一个开放包容的理论体系，在建设中必须根据不同地区的自然历史文化禀赋，体现区域差异性，提倡形态多样性，防止千园一面，发展有历史记忆、文化脉络、地域风貌、民族特点的公园绿地，形成符合实际、各具特色的发展模式。要在公园规划和建设中将特色文化符号和元素融入城市整体形象设计，展现在"疏朗大气、错落有致、生态宜居、特色鲜明的现代都市"建设中；要把老城区改造提升同保护历史遗迹、保存历史文脉统一起来，特别是实施红色基因传承弘扬行动，加强红色历史遗址、遗迹、旅游景区等保护开发；要深入实施文旅文创融合发展战略，将人民的文脉记忆在各类公园绿地中创造性呈现、创新性发展，赋予传统文化新的生机活力，赋予现代城市独特人文气质，发挥文化陶冶情操、凝聚人心、振奋精神、积蓄力量的作用，在延续城市历史文脉、涵养城市文化底蕴中，增强人民群众的充实感、自豪感、使命感与幸福感。

第四节　本章小结

本章主要分为三个部分，第一部分从天府新区公园绿地的规划设计、建设背景出发，分析了天府新区的气候、地貌和水文等生态本底，创新、协调、绿色、开放、共享五大领域的经济基础，以及与公园绿地相关的规划指示。第二部分从建设历程、建设现状、空间布局现状、山水关系、使用和需求现状五个方面对天府新区公园绿地的特征进行了总结、分析和评价。第三部分分析了天府新区吸收借鉴新加坡公园绿地的建设模式。相关研究为本章的天府新区公园绿地景观绩效评价指标体系的构建奠定了适用性基础。

综合天府新区公园绿地建设背景、发展概况、建设现状，以及公园城市理念下的公园绿地建设需求，总结如下：

在环境层面上，天府新区应多以原有的生态格局为依托，坚持"因地制宜""一园一策"的工作方式，沿山沿水沿绿组群发展，在整体上注重促进全域自然系统的形成，以及与城市空间景观高度融合。在公园个体上，注重园区自身的环境质量和生态服务功能的提升优化，有机结合自然地理、植被动物、历史文物、民间风俗、名胜古迹进行创造性开发。

在社会层面上，天府新区应高度重视共享性、可进入、可参与式的休闲游憩价值，活动行为的伴随性、随意性、多样性与分散性愈加丰富，科学划分观赏游览区、文化娱乐区、安静休息区、儿童活动区、体育活动区与公园管理区，充分彰显健康幸福的生活价值，构建多元文化场景和特色文化载体的人文价值以及实现诗意栖居的美学价值。

在经济层面上，天府新区应在整体层面积极推进公园绿地与各功能区块的融合，带动周边经济发展。在公园个体上，注重资源节约，循环高效，打造个性化、体验化、智能化的消费场景，促进游客消费需求。

下篇

行胜于言

第四章 天府新区公园绿地景观绩效评价体系构建

"锦江春色来天地，玉垒浮云变古今。"党的十九届六中全会郑重宣示，在生态文明建设上，党中央以前所未有的力度抓生态文明建设，美丽中国建设迈出重大步伐，我国生态环境保护发生历史性、转折性、全局性变化。景观绩效评价彰显了科学研究与设计实践紧密结合的特点，需要用创新思维构建评价体系，用协调理念优化评价体系，用绿色生态点亮评价体系，用开放视野调整评价体系，用共享胸怀提升评价体系。本章共分为四节，基于前文对天府新区公园绿地现状特征的分析，以 LPS 体系为基底，构建了天府新区公园景观绩效评价体系，具体内容可分为体系构建原则、体系构建步骤与天府新区公园绿地的景观绩效评价体系的初步构建三个部分。

第一节 景观绩效评价体系的构建原则

结合公园城市的理念指引与发展实际，构建景观绩效评价体系的基本原则主要分为以下五点（见图4-1）。

其一，理论性与实践性相结合的原则。公园城市作为中国特色社会主义制度的重要创新，是马克思主义生态理论、世界绿色发展理念与中华优秀传统文化的有机统一。构建景观绩效评价体系必须始终坚持马克思主义理论，不断适应客观实践进程的发展实际，积极承担大国责任与大国担当，切实把握具体国情的客观变化，突出社会主义初级阶段改革与发展的特殊要求，避免评价体系出现短期性、盲目性与波动性问题，让评价体系在历史与实践的考验中永葆生命力。

其二，科学性与可操作性相结合的原则。首先，指标体系的设计是科学的，能够系统地反映天府新区公园绿地的景观绩效水平，其次，指标的选取具有典型性、代表性、全面性、独立性和适应性。通过提取天府新区公园绿地景观空间典型特征，根据典型空间的场地特征和群众使用需求等筛选出适用于天府新区区域的景观效益。最后，为降低开展景观绩效评价的难度，增加研究的可行性与时效性，应综合考虑数据来源和计算方法，既选取了可通过设计施工图纸、规划文献资料以及设计组的项目陈述等获取的指标，亦选取了可通过现场调研取样、监控测评和问卷访谈等获取的指标，兼具主客观维度的同时，要求指标简明易懂、可操作性高，保证了数据的有效性和全面性。

其三，回溯性与前瞻性相结合的原则。将历史发展趋势纳入考量，力求可以反映天府新区公园绿地建设水平或综合发展的本质特征、时代特点和未来趋向。以景观空间特征为基础，以建设目标为导向，根据文件《成都市城市总体规划（2016—2035年）》《四川省天府新区总体规划（2010—2030年）》《成都市绿地系统规划（2019—2035年）》《成都市美丽宜居公园城市规划》等提出的建设要点和目标，参照《成都市园林绿化条例》《成都市公园条例》《成都市湿地保护条例》《公园城市指数》等规定选取相对应的评价指标。

其四，完备性与简明性相结合的原则。公园城市作为生态文明建设的最新发展成果，是一个系统、综合的复杂工程，在其理念指引下构建景观绩效评价体系必须体现出综合性与系统性，各个评价维度与指标数据间科学合理、逻辑清晰、层次分明，增强评价体系的整体性、全面性与完备性，所选指标均能客观有效地反映上一级指标的基本内涵，并能综合反映出公园城市的发展要求与现实情况。同时，高度重视处理好评价体系整体的完备性与分项指标的简明性这对矛盾。简明扼要的分项指标不仅有助于提升数据搜集效率，易于理解使用与宣传推广，而且有利于保障数据加工处理精度，提升数据质量，确保获取一手数据的可操作性，因而科学合理地选择具有代表性、权威性、先进性、独立性与信息量大的分项指标至关重要。

其五，心态性与文态性相结合的原则。人是景观服务的中心和最活跃的设计元素，景观绩效评价需要贯彻以人民为中心的发展理念，根据不同人群的年龄、性别、偏好、职业、文化程度与生活习惯等的不同，需根据群众的实际使用状况、需求偏好筛选适用于天府新区公园绿地的绩效指标，满足人民日益增长的美好生活的需要，更好顺应最广大人民群众的实际需求，生产、生活与生态空间相宜的评判标准由人民的认同感和幸福感决定。文化内涵一般通过有地方特色、地域特征的景观所表达，在评价体系构建中需要注重整体景观的文化性、地域性与个性特征，积极传承场地文化。

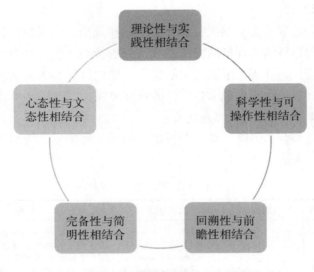

图 4-1　构建景观绩效评价体系的基本原则

第二节　景观绩效评价体系的构建步骤

在研究中首先通过案例研究，遴选 LPS 案例库的绩效指标，并借鉴相关代表性案例的评价指标和构建方法。其次，通过综合相关文献和指标体系在公园绿地功能、服务、评价等方面较为成熟且应用广泛的研究指标，结合天府新区发展阶段和现实情况，对 LPS 体系进行了科学合理的补充和整合。最后，依据构建原则进行筛选，初步确定了本书的指标体系。将拟定的指标体系交由 35 名专家学者组成的团队进行选取，最终确定了天府新区公园绿地的景观绩效评价指标体系。

一、遴选 LPS 评价指标体系

案例研究分为两个部分，第一部分通过绩效网站案例研究专题对 162 个 LPS 案例的名称、因子、因子描述（取因子描述项最后所对应的输出内容）、数据来源、计算方式提取、案例计算数据等几个方面搜集、翻译，并将其中相同或类似的指标进行整合、归纳和提炼，作为后续构建绩效评价体系的基础。

第二部分选取典型案例借鉴其评价指标和方法，因国内外目前对城市新区公园绿地进行绩效评价的案例较少，故选择在环境、社会、经济效益方面具有代表性，并满足案例的功能特征、建设目标与天府新区相近的案例进行分析，以可视化景观绩效评价的成果表现。

（一）LPS 案例指标数据库建立

本书通过整合、归纳、提炼 LPS 案例的因子和指标，得到了 LPS 案例指标数据库，见表 4-1。

表 4-1　LPS 案例指标数据库

序号	绩效类型	一级因子	二级因子	指标
1	环境（environ-ment）	土地（land）	土地使用效率与保护（land efficiency/preservation）	有生态、经济或文化价值的受保护或未受干扰的地区的面积比例；局限于先前开发部分的干扰量的面积比例；保留的现有地形面积比例；棕地或已开发场地的面积比例等
2			土壤的创造、保护和恢复（soil creation, preservation & restoration）	增加或恢复的肥沃土壤面积比例；复合土生产量；土壤成分变化量/比例；土壤污染物排出量等
3			水岸线保护（shoreline protection）	修复或保护海岸线植被的面积与比例等

表4-1(续)

序号	绩效类型	一级因子	二级因子	指标
4	环境 (environ -ment)	水 (water)	雨洪管理 (stormwater management)	减少的径流;洪峰流量;山洪暴发和河岸侵蚀,减少场地不透水地表面积的比例;拆除暗沟、恢复自然河流以提升的地区输水量;降低流速以降低水流的侵蚀力;通过种植减少的径流量等
5			节约用水 (save water)	恢复原生生境降低的耗水量;灌溉节约用水量;节约景观用水量等
6			水质 (water quality)	水中污染物(总固体悬浮物、污染物、富营养物质)的减少比例、处理的污水(灰水量)等
7			防洪 (flood protection)	降低洪水流速;增加蓄洪量;降低洪水流量;削减与洪水相关的修复和净化需求等
9		栖息地 (habitat)	创造、保护、恢复栖息地 (habitat creation, preservation & restoration)	植被的成活率;目标物种增加量等
10			栖息地质量 (habitat quality)	栖息地价值指数;植被管理指数;生物量密度指数;植物区系质量指数等
11			物种多样性 (populations & species richness)	增加的种群或物种数量等
12		碳、能源 与空气 质量 (carbon, energy & air quality)	能源使用 (energy use)	能源节约量;清洁能源生产量;照明功率降低比例等
13			空气质量 (air quality)	空气污染物减少比例等
14			温度与城市热岛效应 (temperature & urban heat island)	相对温度变化;太阳能反射指数;遮阴面积等
15			碳存储与固定 (carbon sequestration & avoidance)	固碳量;碳排放减少量等
16		材料 与废物 (materials & waste)	材料回收利用 (reused/recycled materials)	回收材料用量;本地材料用量等
17			减少废物 (waste reduction)	垃圾减少量等

表4-1（续）

序号	绩效类型	一级因子	二级因子	指标
18	社会 （social）	娱乐与社交价值 （recreational & social value）	—	访客量；设施使用容量；游客兴趣和满意度；停留时间；游客参与活动信息；促进社会交往等
19		文化保护 （cultural preservation）	—	古树数量；文化产品生产数量等
20		健康与幸福 （health & well-being）	—	游客满意度；情绪的改善；体育活动的质量；提供自行车道；增加可步行性和锻炼身体的机会；自然、积极的生活方式，提高生活质量和视觉体验；为访客提供医疗服务；提供比赛、演出、学习和训练场地；增加娱乐性等
21		安全 （safety）	—	安全的空间和场所；犯罪率/犯罪事件的降低等
22		教育价值 （educational value）	—	为不断增加的访客提供教育机会；提升公众对可持续性规划和设计的理解和感知；教育活动出席的人数等
23		噪音缓解 （noise mitigation）	—	降低噪音等级；对不良噪声的感知等
24		食物生产 （food production）	—	食物生产量；食物生产的价值；提供的膳食或食物接受者的数量等
25		景色质量与视野 （scenic quality & views）	—	视觉质量；审美价值质量；各人群的场地与设施使用等
26		交通 （transportation）	—	增加交通网络中的连接；步行或骑行的品质；减少车辆行驶里程；交通事故减少量；各出行方式占比等
27		可用性和公平 （access & equity）	—	公众参与度；各人群的场地与设施使用；可达性等

表4-1(续)

序号	绩效类型	一级因子	二级因子	指标
28	经济 (econo- mic)	房地产价值 (property values)	—	住宅销售价格;地产销售价格;房屋租金;附近物业的价格等
29		节约运行 和维护费用 (operations & maintenance savings)	—	节约树木维修费用;节约草坪修剪费用;节约肥料费用;节水费用;节能费用;湿地节约的维护费用;节约材料维护费用等
30		节约建设成本 (construction cost savings)	—	节约土方成本;节约材料建设费用;再利用材料节约费用;运输和/或倾倒成本;特殊景观节约成本;安装费用等
31		提供工作岗位 (job creation)	—	在设计和建设期间创造的岗位数量;提供的临时或永久的岗位数量;志愿者节约的人工费用等
32		来访者花费 (visitor spending)	—	场地租赁费用;门票收入;游客收入等
33		提高税收 (increased tax revenue)	—	土地财产税;附近房产的财产收入等
34		经济发展 (economic development)	—	刺激周边开放空间和基础设施建设;影响居民住房的选择/入住率;植被收益;停车场收入等

资料来源:作者根据公开资料整理。

(二)景观绩效案例借鉴

1. 彭斯伍德村区域雨水管理系统(Pennswood Village)

(1)项目概况

彭斯伍德村建成于2000年,位于美国纽约市和费城间的近郊地区,属于宾夕法尼亚州,项目总面积约8.09公顷。区域的快速发展使得雨水管理问题加剧,1996年,暴雨导致彭斯伍德村约5米深的蓄洪盆地溢出,洪水向下游蔓延。因此,彭斯伍德村启动重建和扩建计划,以解决当地交通安全和区域雨水管理问题。该设计不仅要管理场地自身的径流,还要管理毗邻的乔治学校及其周边流域地区的大部分径流。改造后的场地通过雨水管理极大地提升了当地生物多样性,并建立了宜居的绿色社区。

(2)景观绩效

①环境绩效

A. 雨洪管理——暴雨径流量。通过洼地、盆地和湿地组成的雨洪管理系统,采用标准TR-55方法计算暴雨径流量,最终得到场地2年、10年和 100 年一遇的暴风雨高峰雨水径流率分别降低了 53%、64% 和 69%。

　　B. 碳储存与固定——固碳量。通过国家树木效益计算器得到每年在场地内种植的 205 棵树木吸收的二氧化碳量达 5.3 吨。

　　C. 栖息地质量——植被管理指数。通过植被管理指数（Plant Stewardship Index，PSI）衡量，PSI 计算器可从 www.bhwp.orq.ps 免费获得，最终得到该场地种植有 132 种植物，其生态质量达到标准雨水滞留/滞留盆地的 13.8 倍。

　　D. 创造、保护、恢复栖息地。根据居民提供的累计数据，场地至少为 73 种鸟类提供了栖息地。

　　②社会绩效

　　社会绩效的度量主要通过现场问卷和电子邮件定向发送的网上问卷完成，调查问卷包括 4 个人口统计学类问题，5 个健康相关问题，13 个湿地体验相关问题和 2 个关于景观照片吸引力等级的问题。

　　A. 健康与幸福——游客满意度。景观提高了当地群众对彭斯伍德村作为家庭或工作场所的满意度，有 63% 的受访者认为湿地景观提高了他们的满意度。

　　B. 健康与幸福——情绪的改善。有 61% 的被调查者表示，他们在观赏了彭斯伍德的湿地景观后，心情明显变得更加愉快轻松。同时，多元化社区的建设有效促进了居民间的社交互动，促进了邻里合作，提升了社群精神，并构成了场所精神的重要内涵。

　　C. 安全。有 79% 的调查受访者表示，湿地景观有效管理了场地内外的雨水，大大减少了暴雨时节对邻近地区的影响。

　　D. 教育价值。提升后的场地作为大学生和公共机构的教育工具，已经有超过 300 名大学景观设计专业的学生和 12 个公共机构参观访问了该场地，了解了场地所运用的雨水生态管理方法。此外，还有超过 100 名大学生通过景观设计师开展的讲座了解了该项目的设计策略与手法。同时，提升后的场地有效建立了代际交流，学生定期分享促进老年人终身学习和服务的项目，包括艺术、摄影、园艺和各种表演艺术活动等，促进了对老年群体的教育提升。

　　③经济效益

　　节约运行和维护费用——维护 8.09 公顷的湿地草地景观的成本每年约为 7 000 美元，大大低于维护同等面积的传统草坪和观赏植物景观的 5.4 万美元的年度成本，每年节省了约4.7万美元。同时，通过地热系统利用地球热能来加热和冷却区域内的社区建筑和健康中心，极大减少了温室气体排放。

（3）案例借鉴

此案例在评价因子的选择上，主要从雨洪管理、碳储存与固定、栖息地质量等四个方面进行环境绩效的评价，主要从健康与幸福、安全和教育三个方面进行社会绩效的评价，主要从节约运行和维护费用上进行经济绩效的评价。其中，调查小组在指标量化上提供了明确的参考方法。

在设计手法和策略上，其一，该场地采用生物手段进行雨水管理。利用河岸走廊连接，保留原有的湿地和草原，充分发挥草甸和生物沼泽的作用。其二，带动公众参与。在施工前期即向社区成员将设计理念和方法等进行解释和说明。其三，景观管理的连续性。设计师以通俗易懂的方式概述设计意图、制定长期管理的政策和目标，与管理员进行良好交接，共同制定管理计划，除此之外，设计师和生态学家定期回访监测物种的动态变化，从而实现了以原始设计目标和意图维护景观的愿景。

2. 车厂公园（Depot Park）

（1）项目背景

车厂公园（Depot Park）建成于2016年，是一座位于美国佛罗里达州盖恩斯维尔（Gainesville）市中心的综合公园，项目总面积约32英亩（12.95公顷）。此地曾经是一处被煤焦油、汞、铅、铬和砷严重污染的工业棕地，受到来自附近的加油站、水泥厂、铁路活动、油罐厂和天然气厂等污染源的严重影响，经过20多年的场地整治与改造升级，以公园建设为抓手推进了工业走廊重建，极大促进了当地市区的经济复兴与活力重塑。现公园内有一个占地一英亩（0.40公顷）的游乐场，以及一个20英尺（6.10米）宽的长廊和眺望台，7条步行道和骑行道，步行道和自行车道的设置增加了当地社区进入休闲场所的机会，开阔的绿色空间则提供了举办活动的场地，而池塘和沼泽系统不仅调节和净化了市区的径流，还创造了一个可供鸟类、两栖动物和昆虫等栖息繁衍的环境。为了融入历史文化，公园重新翻新了19世纪60年代建成的火车站，并将部分遗留下的铁路轨道作为设计元素，增设了大量与北美历史和文化相关的主题设施。

（2）设计策略

通过文娱结合打造场地记忆，首先盖恩斯维尔社区再开发机构（CRA）修复了园内的仓库建筑，活化再生被列入美国国家历史遗迹名录的历史火车站，依据 ADA 标准打造的游乐火车，通过场景再现引人追溯该场地作为火车仓库的历史，提醒人们这个地点在盖恩斯维尔的工业历史中发挥的重要作用。此外，"烟囱攀爬者"则是以盖恩斯维尔地区公用事业的烟囱为蓝本建设的微缩版。

与此同时，场地内建筑的设计施工中充分融入了当地的历史文化，将西班牙殖民时代风格与加勒比海风格巧妙结合。在植物配置上，复刻入侵物种藤蔓植物以传授使用者本土植物的相关知识，通过园内攀登的圆顶唤起老龄群体对于二战前泥泞住所的苦涩回忆。经过多年的规划和修复，车厂公园于 2016 年夏天完工，园内有一个占地 1 英亩的游乐场，一个占地 1 英亩的儿童游乐区，可容纳各个年龄阶段的使用者，此外场地内建设了一个定制的飞溅垫，包括翻滚的瀑布和地面喷流。还有风景如画的水边长廊，可举办特殊活动。盖恩斯维尔市公园、娱乐中心和文化事务部共同管理着车厂公园，工作人员配备齐全，免费对公众开放。

（3）景观绩效

①环境绩效

A. 雨洪管理——雨水径流量。车厂公园每年处理盖恩斯维尔市中心约 6 亿加仑的雨水。迄今为止，根据纽约市贸易计划购买的雨水抵免额已经达到了 65.7 万美元，实现了生态价值与经济价值的统一。公园的雨水处理系统包括 2 个垃圾收集器、2 个大型前湾、一条辫状溪流和 2 个池塘，面积分别为 1.2 英亩（0.49 公顷）和 5.6 英亩（2.27 公顷）。该系统与原有的沼泽相连接，以处理来自盖恩斯维尔市区（Gainesville）约 89 英亩（36.02 公顷）的径流，并注入甜水溪，最终流向 2.1 万英亩（8 498.40 公顷）的佛罗里达州佩恩斯草原（Paynes Prairie）。

B. 水质——污染物减少比例。在监测的 6 次降雨中，平均降低镉 60%、铬 55%、铜 71%、锌 76%、氨 69%、总磷 65%、总悬浮物 56% 的浓度，极大地改善了水质，保障了居民用水安全。

C. 水质——处理的污水量。在污染治理与雨水管理系统项目建设之前，设计者通过砂过滤器和活性炭处理并排放了超过 4 000 万加仑（15.14 万吨）的地下污染水，并将超过 14.7 万吨的污染土壤（挖掘深度约 15.24 米深）转移到经批准的填埋场，进一步进行生态化处置。

D. 碳、能源与空气质量——固碳量。公园每年固定 315 棵新植树中的 13 吨大气碳。这些树木将在 10 年后预计每年固定 31 吨的大气碳，并为市民科学家观察到的 130 多种鸟类提供了栖息地。

②社会绩效

在 325 位接受调查的访问者中，有 75％ 的受访者表示改善了娱乐和休闲条件。

A. 娱乐与社交——活动类型丰富度。63％ 的受访者表示，他们在公园里进行了 3 种以上的活动，其中，运动、接触大自然、与朋友和家人共度时光、儿童娱乐以及野餐等位居前列。

B. 娱乐与社交——促进社会交往。有 53％ 的受访者表示，他们在公园里认识了新朋友，从而增强了社交互动，侧面保证了使用者的活跃和黏性。87％ 的受访者在公园与亲朋好友见面，其中，32％ 的受访者表示每月至少见一次面。

C. 娱乐与社交——停留时间。有 56％ 的受访者表示每次访问在公园的时间都超过 1 小时。就频率而言，有 64％ 的受访者每月至少参观一次公园，有 31％ 的受访者表示他们每周至少参观一次公园，有 3％ 的人甚至能实现每天参观一次。此外，有 97％ 以上的受访者表示他们生活在盖恩斯维尔市（Gainesville），而有 64％ 的受访者报告说他们生活在公园 5 英里（8.05 千米）范围之内，因此该综合公园在为本地居民提供服务的同时，也较好地吸引了周边用户。

D. 健康优质生活——锻炼身体与心理治疗。有 60％ 的受访者表示公园改善了他们的身体健康状况，而 65％ 的受访者认为公园提升了他们的心理健康水平，进而改善了整体健康感知（overall health perception）状况，帮助人们变得更有活力、更加乐观、更具生命力。87％ 的受访者认为公园有助于让青少年获得人格完善，促进心灵成长。

E. 健康优质生活——改善家庭关系。有 73％ 的受访者表示公园改善了他们的家庭关系，其中，有 185 名受访者表示经常使用公园玩游乐场或在草坪野餐与家庭团聚。

F. 61％ 的受访者指出公园提升了使用者的社区意识，提高了社区文明水平和居民文明素质；91％ 的受访者对公园整体上感到非常满意。

G. 健康优质生活——安全感。95％ 的受访者都认为车厂公园能营造一种安全感与满足感。73％ 的受访者表示，使用者安全感提升主要基于：公园的能见度、管理维护、游人数量、游览频次、小径宽度和照明亮度等的提升。

H. 交通——增加交通网络中的连接。公园周边设置了方便的交通网络及配套的交通设施，包括市中心区域公交系统站与 19 条不同的公交线路，车厂大道步道和盖恩斯维尔-霍桑自行车步道星罗棋布，为行人提供丰富的出行体验。此外，公园对西南第五大道街景进行了再开发，在西南第五大道的北侧增加了人行道和社区通道，提高了公园周围的可达性、连通性与安全性。

I. 交通——步行品质。公园内行人交通系统由一条超过 1.6 千米的步道和 0.3 米宽的长廊组成，居民在此俯瞰美景的同时还可进行日常娱乐活动，并附设 37 条人行道，通过空间配置分析，行人网络的平均集成度从 2.5 增加到了 2.6。与此同时，该行人系统连接到 25.7 千米长的盖恩斯维尔-霍桑洲际步道，该步道穿过城市公园、州立公园以及其他地方和州级保护地，极大地改善了公园与周边环境的行人网络连通性。

③经济绩效

A. 房地产价值——地产价格。在 2017—2018 年间，车厂公园方圆 1/4 英里范围内土地的均价增长了 14.8%，而这一时期市中心地区的均价仅增长了 4.0%。反观公园开放前的 2012—2014 年间，车厂公园毗邻地区的土地均价下降了 3.5%，而市中心则上升了 6.2%。

B. 经济发展——周边基础设施建设。公园促进了商业的繁荣与企业的入驻，该地区新企业数量的增长百分比原本远低于公园开放前的盖恩斯维尔市中心，但在公园开放后，则极大反超了盖恩斯维尔市中心。

3. 辽阳衍秀公园（Yanxiu Waterfront Park）

（1）项目概况

辽阳衍秀公园建成于 2012 年，地处我国辽宁省辽阳市新城起步区太子河东岸（新运大桥与中华大桥之间）泄洪区内，与老城区隔河相望，总长约 1 千米，占地面积约 28 公顷。太子河古称衍水，公园"以水为血脉，得水而活；水以园为颜面，得园而媚"，因此得名"衍秀"。此处场地原为政府经营的苗圃林地，场地开发长期受到其 100 年泛洪区的位置限制，是一处河道淹没区中的景观。因此，该公园景观建设过程中需要重点解决淹没区防洪的安全性与市民的活动性、景观性等相互关系问题，充分考虑场地空间对设计理念的影响，因地制宜融入"共生共荣"设计理念，以此平衡生态保护与人类活动之间的矛盾。在满足了安全保障的情况下进行合理开发利用，改造后的公园成为最受辽阳市民欢迎的滨水休闲公园。其中，公园绿化用地 14.4 公顷，水面用地场 8.2 公顷，广场道路用地场 5.4 公顷。

（2）景观绩效

①环境绩效

A. 防洪——增加蓄洪量。衍秀公园所处原场地平均高 25.0 米，太子河常水位 21.8 米，百年一遇洪水位 27.85 米，两百年一遇洪水位 27.85 米。河道—池塘系统的蓄洪量增加了 2.25 万立方米，相当于 9 个奥运会游泳池的大小［50 米（长）×25 米（宽）×2 米（深）＝2 500 立方米］，加强对洪水的调节性控制。

研究团队根据开发前的地形图和施工文件，利用 Civil3D 软件计算得到相关数值。在 Civil3D 软件中，输入开发前和开发后的等高线、定义参考面和控制面的高程来创建三维模型。得到了固结系数因子、开挖体积、填充体积和净体积值的统计数据。

B. 材料回收利用。建设后的场地重新利用了苗圃树木枝干建造了 683 米的木材堤岸，节省了 16 500 美元的材料成本。计算过程如下：

$$V = \pi \times (D/2)^2 \times L \times N = \pi \times (0.13/2)^2 \times 1.8 \times 5\ 284 = 70.14 （立方米）\tag{4.1}$$

$$S = V \times P = 70.14 \times 235 = 16.482.9 （美元）\tag{4.2}$$

在上式 4.1 和式 4.2 中：

D＝树干平均直径为 13 厘米，

L＝树干的平均长度为 1.8 米

N＝树干的数量为 5 284

V＝木材体积

P＝木材单价为 235 美元

S＝节省的材料成本

C. 创造、保护、恢复栖息地。改造后的公园分为主入口区、双岛区、坡地景观区、观赏休闲区、休闲运动区和森林浴场区六个区域，主要景观节点有衍秀广场、主入口广场、观景大阶梯、栈道平台、曲榭台、按摩步道、跌水溪和濯清瀑等。公园丰富多样、静谧雅致的生态环境为至少 60 种野生动植物物种提供了适宜的栖息地，具体包括 36 种鸟类，10 种蜻蜓，13 种蝴蝶和 1 种蛙类。其中，国家级保护物种两类，并派有专人定期巡护。

与此同时，为了解滨江开放空间系统的生态功能，通过在 2017 年 5 月

19 日至 5 月 21 日进行了为期三天的调查，由聘请的专业植物和野生动物调查小组调查得出该数据结果，调查包括不局限于辽阳衍秀公园的范围。

D. 物种多样性。在规划建设中，统一规划植物景观空间、季相及特色，植物群落配置原则通过对植物种类、配置方式的优化，最大限度地发挥植物生态效益、改善生态环境。有 72% 的受访居民表示，与开发前相比公园内的植物、野生动物种类和数量有所增加。

E. 水质。规划后的公园新增了净水功能设施，过滤沙土及污染物，为居民供水提供了新渠道，减少了大量净水费用。树木通常可以吸收水中的溶解质，减少水体中的含菌数量。据相关测定，在经过 30~40 米宽的林带后，每升水中所含细菌的数量减少 1/2。有 73% 的受访居民认为与开发前相比公园内的水质有所改善。

F. 空气质量。公园结合全新的场地设计方案，内湖四周以开敞及半开敞空间为主，外围密林形成丰富层次。有 91% 的受访居民表示，公园内的空气质量状况较发展前有所改善。

G. 栖息地质量。公园在临太子河一侧考虑沿河植物景观，太子河大道一侧以密林为主，适当留出植物透景线，营造开敞及半开敞空间，加强道路与水系联系。有 96% 的受访居民认为，园区改善了辽阳的城市生态环境，大量植物种植形成区域性小气候，起到防风固沙、调节气候作用。82% 的受访居民认为，公园的景观设计呈现自然、生态的健康环境，与当地山水景观充分相融。

因时间和预算限制，D 至 G 的环境效益是评估团队通过社会调查询问与环境相关的问题来进行量化的。

②社会绩效

A. 娱乐与社交价值——访客量。在日常工作日的晚间，通常有超过 1 530 名游客游览公园。

因没有公园访客量的官方数据，研究小组调查得到每晚的 7：00~8：00 为园内人流量高峰时间段，故在公园的 2017 年 6 月 30 日（星期五）下午的 7：00~7：30，由三位研究人员在公园里骑着一辆多人自行车，每个研究人员负责一个方向（左、右、前）计算人数。通过自行车轨迹覆盖了所有主要的户外空间，速度快于人们的步行速度，以避免多次计算相同的游客。最后的估计是，半小时内共统计得到 1 533 人，包括 8 个竞走队中的 317 人。

B. 可用性和公平——使用频率。在接受调查的 50 名居民中，54% 的受访者每周使用公园超过 3 次。

C. 可用性和公平——可达性。在 800 米的步行距离范围内，大约有 82 440 名居民可以进入公园游览。

研究小组研究了周边的居民总数，以了解他们访问公园的情况，采用了步行到公园的合理距离不超过 800 米的标准，从谷歌地图（Google Maps）中确定了 800 米半径范围内共有 7 个住宅。然后，在网上搜索了每个住宅内的家庭总数，并采用全国平均每户 3 人的数据来估算居住在公园 800 米范围内的总人数。最终估计，方便前往公园的居民约为 82 344 人。与此同时，社会调查显示，在 50 名受访者中，76% 受访者的居住地距离公园不到 5 千米，24% 受访者的居住地距离公园超过 5 千米的地方，有力地证明了公园不仅服务于附近的居民，还吸引了诸多居住地较远的市民游览。

D. 健康与幸福。公园坚持以人为本原则，致力于提供以健康、休闲、运动为主的低碳生态活动场所。在 50 位被调查居民中，有 86% 的人身体健康状况得到了改善。

E. 娱乐与社交价值——活动参与。衍秀公园主要的游憩设施包括：亭、廊、厅、榭、小码头、棚、架、园椅、园凳与休憩活动场地。92% 的受访居民表示公园提供了多种娱乐活动的机会，该公园承载了至少 33 种户外活动，尤其是那些促进健康，家庭纽带和社交互动的活动。

F. 安全。公园延续了太子河水系总体景观规划格局，并以兼顾生态维护、泄洪、公共开放性为前提。86% 的受访者认为公园在洪水季节可以安全使用。

G. 教育价值——提升公众对可持续性规划和设计的理解。62% 的受访者提高了对生态保护的了解。

其中，A 至 F 的绩效结果均为问卷调查辅助实地调研完成。

③经济绩效

A. 提供工作岗位——创建工作岗位的数量。在公园管理方面创造了 19 个工作岗位，包括 2 个设施维护岗位、2 个安全服务岗位和 15 个清洁服务岗位。同时，委托独立公司进行景观维护与日常运行工作，间接地创造了大量的就业机会。

B. 支出减少——管护成本。新建成后，公园的生态式设计减少了近三成的后期人工管理养护的费用，对于降低养护的经济成本起到了良好作用。此外，公园在施工建设中对太子河水域流向和蓄水功能进行更完善、更科学的设计，加强了洪水调节性控制，减少了地方政府的防洪资金投入。

C. 房地产价值——土地交易费用。如果公园不在目前的位置（禁建区）修建，而是建在河东新区另一块同等面积的高价值地块上，该市用于新住宅、商业或写字楼开发的土地交易收入将损失 4 100 万~4 500 万美元。调查小组根据辽阳市国土资源局提供的 2011 年和 2012 年东江新区所有土地交易记录数据，进一步估计了 2011—2012 年间东河区相同面积（28公顷）的土地所产生的总土地交易费用（LTFs）最终得出。

D. 经济发展——主要体现在影响了居民的住房选择。公园试图打造太子河沿线旅游产业，形成辽阳旅游经济发展中心。50%的受访者认为公园的建设影响了他们的住房选择，将会更加青睐毗邻公园的居住地。

（3）案例借鉴

此案例在景观绩效评价因子的选择上，主要从防洪、创造和保护栖息地、物种多样性、空气质量、材料回收利用几个方面进行环境绩效的评价，从娱乐与社交价值、健康与幸福、可用性和公平三个方面进行社会绩效的评价，主要从提供工作岗位和房地产价值上进行了经济绩效的评价。调查小组在公园访客量、可达性等指标的计算上以及问卷的设计上提供了切实可行的方法参考。

场地采用因地制宜地形成共生的设计理念，秉承设计理念与场地空间有机结合的原则，将生态环境与景观建设有机结合，使绿化建设与历史文化相融合，体现自然与人文特色。其一，针对不同高程和水位范围内的场地空间进行差异化设计，在安全行洪的前提下，贯通内外水系，疏浚河道，拓深河槽、湖面，形成复式河道，以保证公园的调蓄水量；营造丰富多样的活动空间，在地势较高滩区设置休闲运动场地，完善的慢行系统则提供了健身散步的空间，以满足非汛期市民的亲水游玩。其二，科学间移，最小干预。一方面，精心维护场地内现有的约 4 000 棵树木，以科学间移的方式解决现状苗圃林地高密度问题的同时，营造出了水面通廊和活动空间；另一方面，增加点景树等，完善植物群落，丰富空间层次，从而在保证地域特色的同时降低经济成本。其三，因场地特殊性，所有凸起的木板路以及平台和凉亭都是以低成本和低维护的方式设计的，可承受百年一遇的洪水。可以由安装在不同高程区域的子系统组成的电气系统进行异地灵活控制，以便可以根据洪水位预报提前关闭某些子系统。

二、评价指标补充与整合

除 LPS 体系外，本书通过对 LPS 的指标和相关评价研究的深度调查发现，发源于美国的 LPS 提供的评价指标在雨洪管理、栖息地质量等领域通常具有较好的表现，且较为符合中国的实际国情与自然地理，而在评价具有文化地域特征的景观项目时，则普遍缺乏科学有效的评价指标和评价方法。

故为适应天府新区公园绿地的实践语境，一方面，作者通过 CNKI 可视化分析工具得到公园绿地功能、服务、评价等多方面的高频关键词，研究涵盖可达性、景观格局、物种多样性、植物多样性、植物群落、绿地土壤、防灾避险、美景度、灌木层、绿地率等领域。而后分别以景观绩效每个因子为主题进行检索，得到每个因子的相关量化指标和量化方法。最后，与景观绩效案例库的指标和量化进行比对，选取更适合天府新区的量化指标。另一方面，选取 SITES、LEED-ND 以及符合其建设现状和发展目标的国内指标体系进行有效补充（见表4-2）。

表4-2 相关体系补充指标

补充体系来源	补充指标个数	补充指标内容
SITES	4	降低发生灾难性火灾的风险、减少光污染、减少杀虫剂及化肥使用、生物量密度指数
LEED-ND	1	连接市民公共空间
《国家森林城市评价指标》（GB/T 37342—2019）	1	树种丰富度
《城市生态建设环境绩效评估导则》	1	污水集中处理率
公园城市的公园形态评价指标体系	5	设施的丰富度、乡土植物比例、文化景观代表性、地域文化、美学价值
公园城市指标体系	1	智慧安全设施覆盖率

资料来源：作者根据公开资料整理。

三、评价指标体系初步构建

通过案例研究，并对 LPS 体系进行补充和整合，作者初步构建了包括

17 个一级因子，115 个指标的天府新区公园绿地景观绩效指标体系，其中环境绩效包含 15 个二级因子（见表 4-3）。

表 4-3　初步构建的天府新区公园绿地景观绩效评价指标体系

绩效类型	一级因子	二级因子	指标
环境	土地	土地使用效率与保护	原始生态区保留率
		土壤的创造、保护和恢复	绿地率 增加或恢复的肥沃土壤面积比例 土壤成分变化量/比例 减少杀虫剂及化肥使用
	水	雨洪管理	雨水径流量 雨水储存量 雨水渗透量 树木拦截雨水总量 LID 设施面积
		节约用水	恢复原生生境降低的耗水量 灌溉节约用水量 景观节约用水量
		水质	水中污染物（总悬浮固体物 TSS、富营养物质）的减少比例 处理的污水（灰水量） 污水集中处理率 水质监测数据
		防洪	雨水暴雨（径流）峰值 洪水位降低量
	栖息地	创造、保护、恢复栖息地	乡土树种比例 栖息地类型 植被的成活率 生物量密度指数 BDI 目标物种增加量
		栖息地质量	栖息地价值指数 植被管理指标 植物区系质量指数 植被覆盖率 栖息地分值 降低灾难性火灾风险 减少光污染
		物种多样性	动物物种多样性 植物物种多样性 物种丰富度

表4-3(续)

绩效类型	一级因子	二级因子	指标
环境	碳、能源与空气质量	能源使用	能源节约量 清洁能源生产量 照明功率降低比例
		空气质量	除去气体量 空气颗粒物减少量
		温度与城市热岛效应	可降温面积（绿地+水体）占比 相对温度变化 建筑热效能 遮阴面积
		碳存储与固定	树木固碳量 树木能源节约量 净叶片气体交换通量 土壤固碳力
	材料与废物	材料回收利用	回收废料再利用体积 回收土壤和填充材料体积 可拆卸性和实用性设计
		减少废物	减少的景观废料量 垃圾减少量 减少的废水量
社会	娱乐与社交价值	—	满意度 访客量 停留时间 活动类型丰富度 活动参与度 活动设施完备度 促进社会交往 提供公共空间 基础设施品质
	文化保护	—	古树数量 文化景观代表性 地域文化
	美景度	—	水体景观满意度 植物景观满意度 道路景观满意度 小品景观满意度 色彩季相多样性 绿视率

表4-3(续)

绩效类型	一级因子	二级因子	指标
社会	健康优质生活	—	满意度 提升生活质量 改变生活方式 周边配套服务设施 锻炼身体 归属感 心理治疗/精神价值 安全感 智慧安全设施 提供节日、文化活动场地 降低噪音等级 防灾避险
	教育价值	—	志愿者服务 参与教育的人数 教育项目内容 教育活动成效
	交通	—	可达性 各种出行方式数量和所占比重 步行系统品质 慢行系统品质 与其他绿地的连接度/ 连接市民公共空间
	使用公平	—	公众参与度 无障碍设施
经济	经济带动	—	房产价格 地产价格 办公出租空间影响 入住率 周边空间和基础设施建设 植被收益
	建设节约费用	—	节约土方成本 节约材料建设费用 特殊景观节约成本
	节约建设成本	—	节水费用 节能费用 特殊景观节约成本 草坪修剪节约费用 节约树木维护费用 节约肥料费用 节约材料维护费用

表4-3（续）

绩效类型	一级因子	二级因子	指标
经济	提供工作岗位	—	志愿者节约的人工费用 创建工作岗位的数量
	游客消费	—	场地租赁费用 零售额（含税收） 停车场收入

第三节　构建天府新区公园绿地景观绩效评价体系

习近平总书记指出，生态环境是关系党的使命宗旨的重大政治问题。本书在拟定的天府新区公园绿地景观绩效评价指标体系基础上，依托四川大学建筑与环境学院、四川大学亚洲基础设施建设与发展国际研究所，于2020年4月至2021年1月间，征询了来自四川大学、西南交通大学、四川省发展和改革委员会、成都市发展和改革委员会、成都市规划和自然资源局、四川天府新区管理委员会与成都市天府公园城市研究院（成都市规划设计研究院）的35位景观、生态、规划和经济领域的专家、学者与政府工作人员的意见。在被征询人中，包括副厅级政府工作人员3名，正处级政府工作人员3名，副处级政府工作人员5名，正科级政府工作人员3名，教授5名，研究员2名，副教授3名，讲师3名，博士研究生8名。经过充分讨论与慎重识别，最终剔除了8个指标，将美景度降为指标，合并了两个土地的二级因子，并将水中污染物减少比例拆分为两个指标，对部分因子和指标名称进行调整，遴选出了17个一级因子和108个量化指标，其中包含环境绩效的53个指标、社会绩效的35个指标、经济绩效的20个指标，最终确定了天府新区公园绿地的评价指标体系。

一、景观绩效量化指标集

（一）环境绩效量化指标

通过结合上文的研究，作者最终遴选出5个一级因子、14个二级因子和53个环境绩效量化指标，指标集详见表4-4。

表 4-4　天府新区公园绿地环境绩效指标集

序号	一级因子	二级因子	指标
1	土地 （land）	土壤的创造、效率、保护和恢复	原始生态区保留率
2			绿地率
3			增加或恢复的肥沃土壤面积比例
4			土壤成分变化量／比例
5			减少杀虫剂及化肥使用
6	水 （water）	雨洪管理	雨水径流量
7			雨水滞留量
8			雨水渗透率
9			树木拦截雨水总量
10			LID 设施
11		节约用水	灌溉节约用水量
12			景观节约用水量
13		水质	总悬浮固体物 TSS 处理量
14			富营养物质减少比例
15			处理的污水（灰水量）
16			污水集中处理率
17			水质监测数据
18		防洪	雨水暴雨（径流）峰值
19			洪水位降低量
20	栖息地 （habitat）	栖息地的创造、保护、恢复	乡土树种比例
21			栖息地类型
22			植被的成活率
23			生物量密度指数 BDI
24			目标物种增加量

表4-4（续）

序号	一级因子	二级因子	指标
25	栖息地 （habitat）	栖息地质量	栖息地价值指数
26			植被管理指标
27			植物区系质量指数
28			植被覆盖率
29			栖息地分值
30			降低灾难性火灾风险
31			减少光污染
32		物种多样性	动物物种多样性
33			植物物种多样性
34			物种丰富度
35	碳、能源 与空气质量 （carbon, energy & air quality）	能源使用	能源节约量
36			清洁能源生产量
37			照明功率降低比例
38		空气质量	净化气体量
39			空气颗粒物减少量
40		温度与城市 热岛效应	可降温面积占比
41			平均降温量
42			建筑热效能
43			遮阴面积
44		碳存储与固定	树木固碳量
45			树木能源节约量
46			净叶片气体交换通量
47			土壤固碳力

表4-4（续）

序号	一级因子	二级因子	指标
48	材料与废物（materials & waster）	材料回收利用	回收废料再利用体积
49			回收土壤和填充材料体积
50			可拆卸性和实用性设计
51		减少废物	减少的景观废料量
52			垃圾减少量
53			减少的废水量

（二）社会绩效量化指标

社会绩效不仅能体现景观自身所具有的直接价值，指标参数对项目规模的包容性也可体现出为周边社区乃至城市所带来的间接价值。本书最终遴选出 7 个一级因子和 35 个社会绩效量化指标，指标集详见下表 4-5。

表 4-5　天府新区公园绿地社会绩效指标集

序号	一级因子	指标	指标阐释
1	娱乐与社交价值（recreational & social value）	满意度	游客休憩娱乐满意度
2		访客量	在一定时间内接纳游客的数量
3		停留时间	园内逗留的时间
4		活动类型丰富度	园内可开展的活动种类
5		活动参与度	在园内参与的活动类型
6		活动设施完备度	娱乐活动设施是否齐全
7		促进社会交往	个体之间相互来往，进行物质、精神交流的社会活动，包含邻里交往等公共交往
8		基础设施品质	垃圾桶、照明、座椅等基础服务设施的品质
9	文化保护（cultural preservation）	古树名木数量	树龄在百年以上的大树，稀有、名贵或具有历史价值、重要意义的树木的数量
10		文化景观代表性	能够反映文化体系特征和区域地理特征的文化现象的复合体
11		地域文化	各区域内物质财富和精神财富的总和

表4-5（续）

序号	一级因子	指标	指标阐释
12	健康优质生活（Health & well-being）	提升生活质量	场地的户外化、吸引力和社区感对生活质量的影响
13		改变生活方式	自然、积极的生活方式
14		周边配套服务设施	餐饮、便利店、停车场等配套服务设施
15		锻炼身体	可步行性、健身、养生、体育活动等活动的开展及设施完备度
16		归属感	集体意识和区域归属感
17		心理治疗	休息放松，缓解压力
18		安全感	提供安全的空间和场所，提高公园能见度、开放性，区域治安环境的改善
19		智能设施	基于计算机网络管理系统，实现票务、监控、广播、GPS旅游车辆管理、GIS地理信息、信息收集、信息发布、网上电子商务平台等无纸化办公的智慧化、智能化管理工作模式
20		提供节日、文化活动场地	节日庆典、音乐会和文化活动的举办
21		噪音降低量	对园外噪音的降低量
22		提供避难疏散场地	在地震、火灾等突发紧急事件发生时，提供避难疏散场地有效庇护
23	教育价值（Educational value）	志愿者服务	志愿者人数和服务时间
24		参与教育的人数	包含参与相关教育活动以及学习科普标识的游客
25		教育项目内容	如生态文化、地域文化、主题知识等
26		教育活动成效	如提升了公众对可持续性规划和设计的理解和感知（景观设计实践的理解），城市的认知等
27	风景质量（Scenic quality & views）	绿视率	人的视野范围内绿色空间所占的比值，从一定程度上反映了人们对绿色空间的直观感受
28		美景度	景观美学质量评价，主要根据视觉品质来划分景观等级，反映审美主体对不同景观的偏好

表4-5（续）

序号	一级因子	指标	指标阐释
29	交通（transpo-rtation）	可达性	服务半径内的可达线路
30		出行方式占比	各种出行方式数量和所占比重
31		步行系统品质	步行系统的游线组织布局，步道品质以及体验感
32		骑行系统品质	骑行系统的游线组织布局，步道品质以及体验感
33		与其他公共空间的连接度	通过绿道或慢行通道与公共空间（公园、广场等）的连接
34	使用公平（access & equity）	公众参与度	公民对于公园绿地规划设计建设的关注度、认知度、参与能力及评价能力等
35		无障碍设施	保障残疾人、老年人、孕妇、儿童等社会成员通行安全和使用便利的配套服务设施

（三）经济绩效量化指标

经济指标主要根据公园绿地在经济活动上产生的直接的、间接的以及进一步连锁反应，最终遴选出 5 个一级因子和 20 个经济绩效量化指标，指标集详见表 4-6。

表 4-6　天府新区公园绿地经济绩效指标集

序号	一级因子	指标
1	经济带动（economic development）	房产价格
2		土地价格
3		办公出租空间影响
4		入住率
5		周边空间和基础设施建设
6	建设节约费用（construction cost savings）	节约土方成本
7		节约材料建设费用
8		特殊景观节约成本

表4-6(续)

序号	一级因子	指标
9		节水费用
10		节能费用
11	运行维护费用	特殊景观节约成本
12	(operations & maintenance savings)	草坪修剪节约费用
13		节约树木维护费用
14		节约肥料费用
15		节约材料维护费用
16	工作岗位	志愿者节约的人工费用
17	(job creation)	创建工作岗位的数量
18	游客消费	场地租赁费用
19	(visitor spending)	零售额 (含税收)
20		停车场收入

二、景观绩效量化方法

构建好天府新区公园绿地的指标集后，还需确定与之相对应的量化方法。在方法的选择上，需遵循地区适应性和科学性原则。本书景观绩效评价体系下的量化方法主要来源于：①美国景观绩效网站上的 29 个景观绩效计算工具（见图 4-2）以及 LPS《案例研究报告》中各案例所涉及的评价方法；②实地调研和观测领域中所涉及的数据处理方法；③其他体系补充指标相对应的评价方法；④从公共资源数据库、项目设计或施工公司等处获得的量化数据结果。

图 4-2　美国景观绩效网站景观绩效计算工具页面

图片来源：https://www.landscapeperformance.org/benefits-toolkit/carbon-conscience。

（一）环境绩效量化方法

环境绩效的指标主要为定量的测算，量化方法主要有以下三种。其一，可通过公式计算获得结果，如雨洪储存量、乡土树种占比、植物覆盖率和绿地率等。其二，可通过计算工具，如雨水径流量、雨水渗透率均可通过暴雨计算器计算，树木固碳量和树木能源节约量可通过景观绩效计算工具国家树木计算器（National Tree Benefit Calculator）计算。其三，还可通过仪器测量，如土壤成分利用渗透剂来测量、平均降温量采用户外温度计来测量等。现选取一些重要指标，将其量化方法进行详细介绍。

1. 工具法

（1）雨水径流量（Rainwater Runoff）。雨水径流量通常利用降雨量（降雨厚度）进行计算，根据《雨水利用工程技术规范》（GB50400—

2006），雨水收集利用工程的降雨设计重现期一般按 1~2 年计。与此同时，国内重点大城市的雨水径流量，一般可以通过暴雨强度及雨水流量计算公式计算器 v1.0.9.17 进行计算（见图 4-3）。在暴雨计算器中，输入量为重现期、暴雨历时、不同类型用地汇水面积以及选择对应的用地类型，采用同济大学解析法编制的公式进行计算，输出量为暴雨强度 q 以及径流系数 Ψ。通过查阅相关资料并结合道路立交排水泵站重现期 P 值（见表 4-7），合理假定成都暴雨常态重现期 P 为 1 年，暴雨历时 t 为 60 分钟。具体而言，降雨历时（Duration of Rainfall）是指降雨过程中的任意连续时段，暴雨强度（Rainfall Intensity）为单位时间单位面积内的降雨体积，降雨分区（Rainfall Partition）是将某一地区划分为若干具有相同暴雨特征的区域，重现期（Recurrence Interval）则是在一定长的统计期间内等于或大于某统计对象出现一次的平均间隔时间，汇水面积（Catchment Area）即为雨水管渠汇集降雨的流域面积。

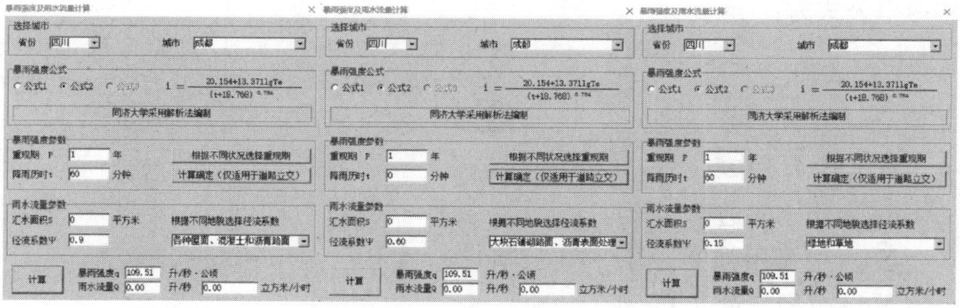

图 4-3　不同地貌下暴雨强度及雨水径流量计算

图片来源：暴雨强度及雨水流量计算 v1.0.9.17。

表 4-7　道路立交排水泵站重现期 P 值

使用条件	P 值	备注
汇水面积<2 公顷 汇水面积>2 公顷	1~2 2~3	如北京郊区面积小于 2 公顷者采用 1 年，大于 2 公顷者采用 2 年；市区小于 1 公顷者采用 2 年，大于 1 公顷者采用 3 年
＊管道 P＝0.33~0.5	1~2	北京、上海、吉林、哈尔滨、兰州、西宁等地
P＝1	2~3	天津、成都等地
P＝1~3	3~5	杭州无锡、重庆、石家庄、郑州、西安沈阳、长春等地

表4-7(续)

使用条件	P 值	备注
P = 2~3	5~10	广州等地
交通量大小不同, 应有差别	2~3 1~2	如市区立交 如郊区立交
交通要道 P 值 应酌情增加	2~3 10~20	要求尽量不中断交通者（从 1~2 年加大到 2~3 年） （从 5~10 年加大到 10~20 年）
降雨量较集中的 地区标准须较高	5~10	广州、福州、南京、南昌、桂林等地

*注：P 值要比一般雨水管道高 1~2 级。

资料来源：暴雨强度及雨水流量计算 v1.0.9.17。

（2）雨水渗透率（Rainwater Permeability）。同样采用暴雨强度及雨水流量计算公式计算器进行计算，输入量为总暴雨强度和雨水径流量。雨水渗透率公式为：

$$R_{渗} = \left(1 - \frac{\sum Q}{\sum q}\right) \times 100\% \qquad (4.3)$$

在上式 4.3 中：

$R_{渗}$ =雨水渗透率（%）

$\sum Q$ =总暴雨强度（升/秒·公顷）

$\sum q$ =总径流量（升/秒·公顷）

（3）树木雨水截留量、净化气体量、能源节约量、空气颗粒物减少量与树木固碳量。出于地理位置限制以及可行性考量，研究选择美国戴维树木专家公司（Davey Tree Expert）开发的国家树木效益计算器进行计算。灌木和草本截留雨水效果不明显，故以乔木计算为主。地理位置上输入与成都市相似的亚热带季风气候区美国佐治亚州亚特兰大市，以及树种的名称和胸径，系统自动计算特定规格每种树的树木拦截雨水、净化空气、节约能源等效益，再乘以各特定树种的树木数量，相加即可估算出场地整体的效益（见图 4-4）。

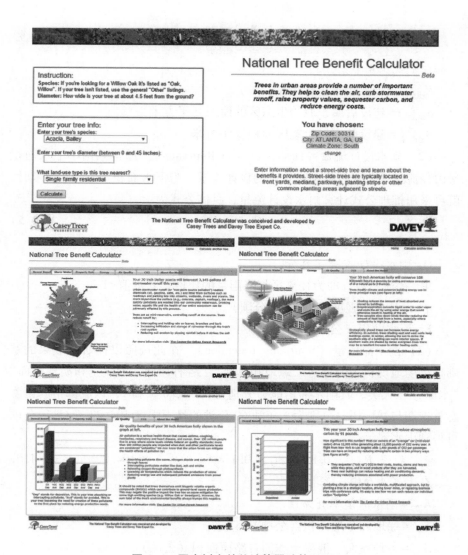

图 4-4　国家树木效益计算器计算页面

图片来源：http://www.treebenefits.com/calculator/ReturnValues.cfm? climatezone = Northeast。

2. 公式法

（1）原始生态区保留率（Retention Rate of Original Ecological Area）。为场地原生态区域保留量比率，可通过施工图纸或遥感图像进行测量，原始生态区保留率计算公式为：

$$K_{生态区} = \left(1 - \frac{S_{建设后}}{S_{建设前}} \right) \times 100\% \qquad (4.4)$$

在上式 4.4 中:

$K_{生态区}$ =原始生态区保留率（%）

$S_{建设后}$ =建设后属于原始生态区的面积（平方米）

$S_{建设前}$ =建设前原始生态区面积（平方米）

（2）雨水设计流量（Design Flow of Rainwater）。通常采用小汇水面积暴雨径流推理公式计算雨水管道的设计流量，当汇水面积≤2 平方千米时，就可采用推理公式计算雨水设计流量，具体公式为：

$$Q = \Psi q F \qquad (4.5)$$

在上式 4.5 中:

Q=雨水设计流量（升/秒）

Ψ=径流系数，即为径流量与降雨量的比值，其数值<1

q=设计暴雨强度（升/秒·公顷）

F=汇水面积（公顷）

（3）雨水滞留量（Rainwater Retention）。在此按照以往研究成果的基础，将场地现状用地分为"绿地和草地""各种屋面、混凝土和沥青路面""水面"三大类，其雨水滞留能力分别为 0.85、0.1 和 1，以成都市暴雨常态重现期与暴雨历时分别为 1 年和 60 分钟的暴雨强度 104.22 升/秒·公顷可得到雨水滞流量。

$$R_{滞} = (0.85 \times S_{绿} + 0.1 \times S_{路} + S_{水}) \times 104.22 \qquad (4.6)$$

在上式 4.6 中:

$R_{滞}$ =雨水滞留率（%）

$S_{绿}$ =绿地和草地面积（公顷）

$S_{路}$ =各种屋面、混凝土和沥青路面面积（公顷）

$S_{水}$ =水面面积（公顷）

（4）植物覆盖率（Plant Coverage）。同绿化覆盖率，指研究区域内所有植被（包括乔灌草等）的垂直投影面积与区域总面积的比值。植物覆盖率计算公式为：

$$TD = \frac{S_{绿}}{S_{总}} \times 100\% \qquad (4.7)$$

在上式 4.7 中:

TD＝植物覆盖率（％）

$S_{绿}$＝区域绿化覆盖面积（平方米）

$S_{总}$＝全园总面积（平方米）

（5）乡土树种占比（Proportion of Native Tree Species）。因乔灌木数量与草本植物数量单位不一致，且调查场地内草本地被数量有限且基本为乡土植物，因此该指标以统计乔灌木数量为主。作者根据设计单位提供的树种苗木表，辅助现场调研，对照成都市林业和园林管理局出版的《成都市城镇绿化树种及常用植物应用规划（2010—2020 年）》一书，分别统计植物总数以及乡土植物总数进行计算。乡土树种占比公式为：

$$K_X = \frac{N_x}{N_z} \times 100\% \tag{4.8}$$

在上式 4.8 中：

K_x＝乡土树种占比

N_x＝乡土树种数量

N_z＝树木总数量

（6）植物物种多样性（Plant Species Diversity）。通过抽样计算，选取 100 平方米的乔灌木样方，4 平方米的草本植物样方。依据不同的植物种类，在每个样方内计算各植物的频数、盖度，最后将乔灌木的多样性指数与草本植物的多样性指数进行加权平均。植物物种多样性的公式为：

$$H_p = \frac{H_{tr}\, n_{tr} + H_{he}\, n_{he}}{n_{tr} + n_{he}} \times 100\% \tag{4.9}$$

在上式 4.9 中：

H_p＝植物物种多样性

H_{tr}＝乔灌木多样性指数

n_{tr}＝乔灌木样方数量

H_{he}＝草本植物多样性指数

n_{he}＝草本植物样方数量

3. 仪器测量法

通过仪器测量法进行平均降温量的测度。研究选择在晴朗无风或微风的天气进行测定，测量时间需选取固定的时间段，多选取一天中的高温时段（12：00～14：00）。通过使用便携式红外电子温度计测算公园内部与园外城市道路处的平均气温，分别在园内均匀选取树荫覆盖下的 10 个点位以及公园外围道路上的 10 个点位，将电子温度计放置在地面 5 分钟，待温度计数值稳定，1 分钟内变化不超过 0.3℃后进行记录，而后取平均值相减，即可得到平均降温量。

（二）社会绩效量化方法

1. 方法简介

本书对天府新区公园绿地社会绩效的研究主要采用 POE 使用状况评价（Post Occupancy Evaluation，POE），同时辅助仪器测量法，用手持式专业分贝仪测量噪音量，辅助 Photoshop 直方图结合公式法计算绿视率。POE即关注使用者及其需求，从使用者角度出发，收集使用人群对其所处环境质量进行主观判断的结果，并结合社会学和统计学的方法检讨设计目标的实现情况，以改进设计品质的一种工具（Preiser W F E，Rabinowitz H Z，White E T，1988）（见图 4-5）。

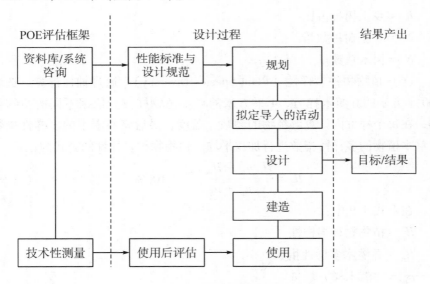

图 4-5　POE 评价流程

图片来源：作者参考 Post Occupancy Evaluation 绘制。

2. 调查内容

"志不求易者成，事不避难者进。"针对社会绩效的调研内容主要是对天府新区各公园绿地内的使用者个人基础信息、满意度及其行为活动、景观要素等进行调查，多通过借助直接观察、问卷调查、非正式采访、相机摄影及行为注记等方法实现，而后利用 Excel2016、Word2016、Stata12.0

等软件对调查结果进行汇总，并对数据及图像进行分析，以研究公园绿地的社会效益。

问卷调查中，在对象的选取上随机抽取待调查园内不同性别、年龄、学历和职业的游客及当地居民。问卷内容主要包括两个方面：

第一部分是调查者基本信息和使用情况，通过 Excel 与 SPSS 汇总处理数据，利用统计分析法，进行综合分析。

第二部分运用李克特量表法调查使用者对该公园绿地的实际感受，依据功能定位选取相应指标对公园内的受访者进行满意度调查。而后对结果进行汇总处理，对不符合要求的数据，采用有效范围清理、逻辑一致性清理、数据质量普查等方式进行数据清理，最终得到相关的数据。

（三）经济绩效量化方法

在已有的案例中，经济绩效指标的量化并未指定特定的工具和方法，多根据场地的现状、规模、与周边的关系等进行合理的选择。相较于环境绩效和社会绩效，经济绩效更易于得到可量化的市政研究数据。本指标体系中经济指标的量化一部分通过公式计算获取，如运行维护费用中的草坪修剪节约费用。一部分则需通过调查、咨询和查阅资料（公共数据、客户记录、交易信息等）获得相关数据后，进行统计学相关运算，如地价、房价多通过链家、安居客等 APP 平台，结合调查走访相关地产机构获取有效数据；创建工作岗位的数量则需要咨询相关管理部门，并访问公共数据平台，从而确定从设计施工到如今的运营维护所创造的一系列固定岗位和临时工岗位数量。

第四节　本章小结

"明者因时而变，知者随事而制。"本章以 LPS 案例指标为基础，依据天府新区公园绿地特征和建设目标，综合国内外多个成熟的景观绩效评价指标体系，以理论性与实践性、科学性与易行性、回溯性与前瞻性、完备性与简明性、心态性与文态性相结合的基本原则，参考多个领域的专家意见，初步构建了适用于天府新区公园绿地的景观绩效评价指标集，共计包含了 17 个一级因子和 108 个量化指标。而后根据专家意见对指标体系进行进一步调整、优化，最终得到了天府新区公园绿地的景观绩效评价指标体系，并对环境、社会、经济相关指标的量化方法进行了阐述。公园城市人民建，公园城市为人民。本章对于评价体系的构建方法具有一定的普适性，既为后续研究中天府新区公园绿地景观效益的可量化、可视化、可比化提供了依据，也为其他地区公园绿地及具体类型公园绿地的景观绩效评价体系构建提供参考，有助于加快形成符合我国发展实际、具有中国气度的制式化景观评价体系。

第五章　兴隆湖公园景观绩效评价实证研究

"沉舟侧畔千帆过，病树头前万木春。"景观绩效评价的首要目的是指导未来设计的决策，直接目的在于衡量风景园林项目的效益。整体流程是根据事先选取好的指标，选择适宜的评价方法对收集和整理后的数据进行计算、汇总结果输出，形成评价报告。同时，为方便浏览与存档，所有评价报告应进行规范化统一整理。本章共分为五节，作者将以天府新区兴隆湖公园为例，详细罗列实测的绩效量化结果，通过景观绩效来探讨项目建设后比建设前所提高的具体景观效益，评价是否有达到预期建设目标。

第一节　兴隆湖公园的场地解读

一、区位功能分析

习近平总书记在《湿地公约》第十四届缔约方大会开幕式上的致辞中指出，"要凝聚珍爱湿地全球共识，深怀对自然的敬畏之心，减少人类活动的干扰破坏，守住湿地生态安全边界，为子孙后代留下大美湿地"。兴隆湖公园位于东经104°08′，北纬30°41′，选址地处天府新区成都直管区成都科学城核心区，兴隆街道辖区境内，位于成都市南部的天府大道中轴线东侧，范围涉及宝塘、跑马埂、三根松和保水四个村级行政区划。兴隆湖公园以四周的湖畔路为界，包括兴隆湖及周边环湖景观带，总规划面积约357公顷，其中，水域面积约300公顷，东西长约2 500米，南北宽约600~1 700米，蓄水量超1 000万立方米，被誉为天府新区的"城市绿心"。

在产业规划和区域定位上，兴隆湖片区主要承担科技创新（科学研发核心区）、对外交往（世界旅游目的地）、生态休闲等核心功能，规划建设以产业基地、高校创新基地、全球研发中心为主，同时肩负着展示城绿相融的城市名片的责任。与之相应，兴隆湖公园主要承担了生态、景观、休闲、防洪降涝灌溉等核心功能，作为人气旺盛的旅游胜地，承接城市重大活动，定期举办体育赛事和文化展演。环湖大体呈现了四个功能迥然不同的区域：北岸是游玩休憩区，拥有丰富的活动节点及完备的服务设施，各年龄段使用者都可以进行全天候活动；南岸则主打自然风景，是重要的自然保护区与生态涵养区，作为野生动植物的栖息地，当前不允许使用者进入；东岸主推码头和科创文化，独角兽岛和商业活力区分布于此，其中独角兽岛以独角兽企业孵化和培育为主的产业载体，旨在为 7 万名研究人员、公司职员、居民以及访客提供服务；西岸则是天府新区门户，设置以喜马拉雅山脉—珠穆朗玛峰造型为原型的 73 字雕塑。在此基础上，园区致力于满足人们休憩娱乐、运动健身、文化艺术活动的需求，实现人民群众对美好生活的向往。

二、规划条例解读

（一）城市总体规划

城市总体规划是一个城市的全局性、综合性规划，是落实国家和区域发展战略的重要手段、统筹各类空间需求和优化资源配置的平台、引领城市发展和建设的行动纲领。在天府新区的城市总体规划中，《成都市天府新区总体规划（2010—2030 年）》（2015 版）和《成都市城市总体规划（2016—2035 年）》分别对兴隆湖片区做出了重要指示，规划了美好蓝图，指明了发展方向。

具体而言，在《成都市天府新区总体规划（2010—2030 年）》（2015 版）中，规划在天府新区内构建"一区两楔十一带"① 的生态绿地系统结

---

① "一区"：龙泉山生态服务区。其是区域重要的生态绿地，规划围绕龙泉山建设天府新区最重要的生态服务区，实施严格的生态保育措施。"两楔"：三圣乡—龙泉山绿楔和彭祖山绿楔。规划保护绿楔内部耕地，协调区域绿地系统布局。三圣乡—龙泉山绿楔延续中心城三圣花乡绿楔格局，疏通中心城通风廊道，并规划建设 1 处郊野公园，为鹿溪源郊野公园；彭祖山绿楔作为天府新区的绿肺，为新区提供良好的生态服务，规划建设 2 处郊野公园和 1 处森林公园，分别为跳蹬河郊野公园、锦江郊野公园、毛家湾森林公园。"十一带"：规划在新区内各组团之间，沿重要水系、铁路、高速路、快速路形成"四横七纵"11 条生态廊道。其中"四横"分别为环城生态区、货运外绕线生态绿带、第二绕城高速生态绿带、跳蹬河生态绿带；"七纵"分别为岷江生态绿带、成昆铁路生态绿带、利州大道隔离绿带、天府大道绿带、锦江生态绿带、东风渠生态绿带和新机场高速生态绿带。

构，大力建设包括成都科学城的兴隆湖公园在内的 7 处中央公园，明确了兴隆湖在天府新区建设中的重要地位。规划提出在成都"一城六区"的产业功能定位和总体空间布局中，成都直管区以建设"一区（中央商务区）、一城（创新科技城）、一带（锦江生态带）、两镇（合江镇和太平镇）"为核心，以生态保育、休闲旅游和生态农业为主，重点发展高新技术产业、会议会展、总部经济、文化创意、电子商务等科技创新研发产业和现代高端服务业。其中，创新科技城位于产业创新研发功能区，围绕兴隆湖布局，规划面积约 7 平方千米。同时，在绿地系统规划上提出以"一湖一带两公园"（即兴隆湖、锦江生态带、天府中央公园和生态绿地公园）建设为重点，以龙泉山、彭祖山及楔形绿地为基础，结合锦江、鹿溪河等水体、自然山体、沟谷绿地和生态隔离打造一体化、网络化的生态绿地系统。

基于"一园一特色"的建设理念，《成都市城市总体规划（2016—2035 年）》将城市历史使命和发展脉络有机融合，提出构建"一心两翼一区三轴多中心"的市域总体空间结构，进一步明确了兴隆湖的生态功能。要始终坚持"以水定人、以底定城、以能定业、以气定形"四定原则，坚守人口总量上限、生态控制线和城市开发边界"三条红线"，提出将兴隆湖及其周边区域规划为主要城市公园，助力构建市域"两山、两网、两环、六片"的生态安全格局，锚固绿色空间底线。兴隆湖公园紧邻滨水廊道，同时被多个湿地及公园包围，以山水环绕的自然优势，奠定了由"城市生态之肾"发散出绿色公共空间及生态廊道的格局，从而显著发挥绿化景观、雨水收集、生态保护、生态隔离等作用。

此外，在 2022 年 7 月 1 日出炉的《成都市"十四五"城市建设规划》以建设践行新发展理念的公园城市示范区为统领，以实现碳达峰、碳中和目标为引领，以推动高质量发展、创造高品质生活、实现高效能治理为发展导向，提出重点抓好住房供给侧结构性改革、实施城市更新行动和乡村建设行动、推进公共服务和基础设施建设、推动建筑业转型升级等重点任务，积极探索山水人城和谐相融的公园城市建设新路径，为兴隆湖公园高质量发展奠定了坚实基础。

（二）绿地系统规划

在绿地系统规划中，《成都市绿地系统规划（2013—2020 年）》和《成都市公园城市绿地系统规划（2019—2035 年）》站在更高起点上谋划未来发展，分别对兴隆湖片区做出了重要指示。

在 2015 年 5 月出炉的《成都市绿地系统规划（2013—2020 年）》中，包括市域与中心城区 2 个层次，明确了兴隆湖公园在绿化格局打造和绿色生态建设方面的重要作用，提出建设"九廊四核"的布局结构，"四核"即四个市级综合公园，其中之一即为兴隆湖公园，构建清水型生态系统，形成开阔水域的"蓝色"生态湖泊。在 2020 年 5 月公布的《成都市公园城市绿地系统规划（2019—2035 年）》（送审稿）中，以成都全域生态资源为美丽宜居公园城市之"底"，传承自然人文历史，明确了绿地建设相关指标，建立健全以生态系统良性循环和环境风险有效防控为重点的生态安全体系，强调了兴隆湖区域生态保护的重要性。规划指出：天府新区绿地系统规划要求水面率≥6%；森林覆盖率≥35%；生态廊道宽度≥100 米；野生动物重要栖息地面积≥10%；公园绿地 500 米半径覆盖 100%；生态水绿面积占总面积 72.5%。在天府新区成都直管区绿地系统规划中，兴隆湖及其周边绿地属于组团内部绿廊。同时，在区域绿地规划中明确提出"加强兴隆湖区域的保护，按照《成都市兴隆湖区域生态保护条例》进行管控，确保兴隆湖区域的生态用地规模不减少，重点加强河、湖、湿地水生态保护和修复，打造城市海绵体，建设城市生态区"。

从各个时期发布的相关规划文件即可看出，兴隆湖公园不论在环境、社会还是经济上均被赋予了更多的功能，为全面建设现代化新天府夯实了空间基础，一个诗意栖居的新成都渐入佳境。

（三）相关保护条例

在 2016 年 8 月 31 日，《成都市兴隆湖区域生态保护条例》（以下简称《条例》）已由成都市第十六届人民代表大会常务委员会第二十五次会议通过，并于同年 11 月 30 日经四川省第十二届人民代表大会常务委员会第二十九次会议批准，自 2017 年 2 月 1 日起施行。《条例》分为总则、规划控制与土地利用、生态保护与管理、法律责任和附则，共 5 章 33 条，将14.04 平方千米的兴隆湖区域（即四川天府新区总体规划确定的 11.62 平方千米的兴隆湖、鹿溪河及其周边生态用地，含兴隆湖水面面积 3 平方千米、鹿溪河水面面积 2.02 平方千米）和 2.42 平方千米的开发用地所构成的控制区，纳入立法保护范围，明确兴隆湖区域的生态保护应当遵循"生态为本、严格保护、合理利用、科学管理、永续发展"的基本原则。

《条例》重点从规划控制与土地利用、生态保护与管理上进行了明确规定，如区域内实施绿地、水体、景观等生态项目建设时，其服务型配套设施的占地面积不得超过生态用地总面积的 2%，植被和水体的占地面积不得低于生态用地总面积的 80%，生态用地内的建筑物、构筑物、道路和铺装场地的总硬化率不得超过 8%，区域水体水质执行《地表水环境质量标准》（GB3838-2002）中Ⅳ类标准等。此外，《条例》同样适用于区域的建设、运行、保护及其监督管理活动，市土地、环保、建设、城乡规划、城管、水务、农业、林业园林等主管部门应当按照职责分工负责相关工作。

三、场地时空变迁

兴隆湖基址上最初只有鹿溪河及一片泄洪河谷洼地，地势低洼。夏季时由于暴雨泛滥，下游排水不畅等，场地经常沦为一片大型的滞洪泄洪区。鹿溪河干流全长 77.92 千米，全流域面积 675 平方千米，作为兴隆湖的供水源头，是一条天然山溪河流，发源于龙泉山脉主峰长松山西麓元包村王家湾，属于都江堰水系府河左岸支流，从黄龙溪汇入锦江，是过境天府新区的第二大河流，也是天府新区的母亲河。该河地表径流从龙泉山下流出后，途经大片农村区域，水流中逐渐混入生活、灌溉污水及泥沙。

2012 年，一方面，为契合天府新区规划建设的实际需求和经济社会发展的现实水平，另一方面，场地本身具备建坝成湖的地形地质条件，尽量保持原有的地形、地貌、地势，避免大挖、大建、大填，遂将场地规划为"一湖一心六半岛+生态岛链"的总体景观布局。2013 年 11 月正式动工，兴隆湖生态绿地项目总投资 92 亿元，通过人工改造扩挖，充分利用低洼地形，壅水成湖。同时对鹿溪河上游河段进行生态修复，先后启动实施"重拳治水""农村面源污染专项治理"等治污行动，同步有序推进鹿溪河沿线截污管网、天府第一污水处理厂建设以及乡镇污水处理厂提标改造。于2014 年初步达到蓄水标准，自岷江水系支流鹿溪河引入水，从而形成如今兴隆湖的雏形。因鹿溪河雨量季节不均、夏季防洪压力大的特征，建设方秉持"水安全提升、水生态保护、水经济引领、水宜居亲民、水文化彰显"总体思路，按照《鹿溪河全流域水环境治理总体规划》，针对兴隆湖进行了一系列水利水生态工程，启动兴隆湖水生态综合提升，坚持先地下后地上，综合采用"渗、滞、蓄、净、用、排"的工程措施，包括完成上游鹿溪河老河道湿地生态系统的构建，净化水质；同时新建引水管道，实现从东侧的东风渠补水；并对贾家沟、庙子沟片区水系进行连通与生态治理，新建排洪道，为雨水有组织排放创造条件，从而达到分洪的直接目的，至此兴隆湖及周边的水文格局大体形成。现如今，兴隆湖水域面积 3 平方千米、蓄水总量 670 万立方米，共有三个进水口，一个出水口，平均水深约 1.5～8 米，最深处西北部鹿溪河老河道附近可达 18 米，湖岸四周为最浅处。

四、地形地貌分析

地形是各种地形要素的集合，既是公园绿地景观营造的基本载体，也是公园城市各项功能得以实现的主要场所。地形是连接景观中所有因素和空间的主线，它的结构作用可以一直延续到地平线尽头或水体边缘。地形的改造利用和工程设计涉及众多影响因素，如地形要素、造景作用、现状地形地物等。兴隆湖公园总体地势东北高西南低，内部呈现出内低外高的地势，但总体而言地形地貌相对平坦（见图 5-1），公园水域部分基底海拔约 459～470 米，坡度较缓，多在 0～3°之间；陆域部分海拔约 470～496 米，坡度则在 2～8°左右。一般而言，根据边坡稳定性原则，坡度介于 5%～10%之间的地形排水良好，而且具有良好的起伏感，坡度大于 10%的地形只能局部小范围加以利用。雨水排入湖中流速较快，暴雨时节径流量较大，径流速度较快，较易导致雨水洪涝。公园场地南岸的南山，山体垂直高度约 23 米，最高海拔约 496 米，坡度略大，最陡处大于 8°。

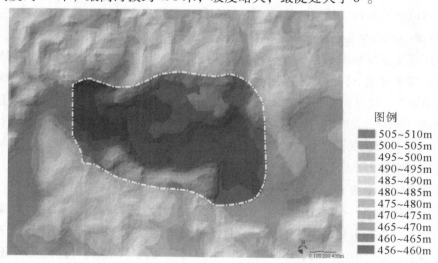

图例

■ 505～510m
■ 500～505m
■ 495～500m
■ 490～495m
□ 485～490m
□ 480～485m
□ 475～480m
■ 470～475m
■ 465～470m
■ 460～465m
■ 456～460m

0 100 200 400m

图 5-1　兴隆湖地形分析

图片来源：中国市政工程西南设计研究总院有限公司提供。

五、植被特征分析

园林植物作为公园绿地必不可少的设计要素，本身亦不失为独特的观赏对象。兴隆湖公园绿化面积约367.06公顷（含湖域面积286公顷），森林覆盖率约12%，景观建设面积约159.25公顷。园林植物种类丰富，按植物的生物学特性划分，有乔木、灌木、花卉、草坪植物等；按植物的观赏特征划分，有观形、观叶、观花、观干、观果、观根等类型。兴隆湖公园内共栽植乔木约15 696株，其中，园内乡土树种占比约63.13%；常绿树占比81%，落叶树占比约19%，二者之比约为4：1；园内阔叶树占比约86%，针叶树占比约14%，二者之比约为17：3；园内绿叶树占比95%，彩叶树占比5%，二者之比约为19：1。

依据中国市政工程西南设计研究总院有限公司提供的施工图图纸，辅之以实地调研，总结归纳了兴隆湖公园详细的树种信息（见表5-1）。同时，依据功能性、艺术性与科学性相结合的原则，将乔木进一步整理得到包含种类、胸径、数量的相关信息（详情见附表1）。数目较多的乔木种类为马尾松、银杏、栾树、水杉、朴树、刺槐、香樟，这七类乔木占到了总乔木数的52.81%，剩余62种乔木占到总乔木的47.19%（见图5-2）。

表5-1 兴隆湖公园苗木调查表

种类	种名
乔木	银杏、柳树、黄葛树、朴树、垂柳、栾树、水杉、紫锦木、黄钟木、构树、碧桃、刺葵、梨树、垂丝海棠、蓝花楹、桂花、垂柳、红枫、黄连木、晚樱、无患子、皂荚、银杏、多头椿、茶条槭、大叶樟、榕树、小叶榕、刺槐、金合欢、银桦、酸枣、丛生银桂、紫玉兰、红梅、元宝枫、象牙红、白玉兰、木芙蓉、黑松、贴梗海棠、木槿、罗汉松、丛生杨梅、花石榴、枫香、马褂木、天竺葵、西府海棠、皂角、椿树、西府海棠、臭椿、女贞
灌木	六道木、雀舌黄杨、小叶女贞、金叶女贞、红檵木、南天竹、双荚决明、红叶石楠、海桐、六月雪、杜鹃、木槿、绣球花、夹竹桃、马缨丹、三角梅、月季、鹅掌藤、龙吐珠、黄刺玫、龙牙花
草本植物	万年青、金鱼草、鸢尾、细叶美女樱、花烟草、虞美人、银叶菊、报春花、黄金菊、木茼蒿、鼠尾草、粉黛乱子草、天门冬、石竹
水生植物	芦竹、风车草、菖蒲、千屈菜、梭鱼草、再力花、水生美人蕉、菰、白茅、玉蝉花、马蹄莲、蒲苇、水葱、狼尾草、荇菜、莎草、狐尾藻、苦草、金鱼藻、刺苦草、水蕴草、轮叶黑藻、马来眼子菜

资料来源：作者通过实地调研搜集整理。

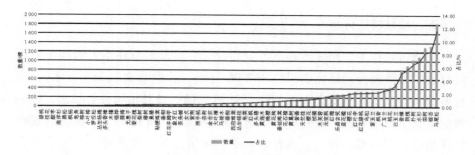

图5-2 兴隆湖公园乔木分析

兴隆湖公园整个湖底都进行了地形设计和地形修复，努力营造出有利于水生动物、水生植物的生境空间，构建出"水生植物—水生动物—微生物"的完整水生态网链。狐尾藻、苦草、金鱼藻、刺苦藻、水蕴草、轮叶黑藻、马来眼子菜等数十种沉水植物在兴隆湖的水下蓬勃生长，构建了一片占湖区水域总面积近七成的多层次"水下森林"。得益于水清见底的效果，从岸边高处俯视，既会形成丰富的视觉层次，也为水下生物多样性提供优质条件。这样一来，兴隆湖化身成了一台天然"净水器"，在此基础上搭建食物网链，实现物质流、能量流、信息流的转换传递，实现了湖泊生态系统的良性循环。

第二节　兴隆湖公园景观绩效评价

一、兴隆湖公园景观绩效评价指标选取

根据兴隆湖的功能定位和设计特点，本书重点关注公园在雨洪管理、水质、栖息地、物种多样性、游憩体验与社交、健康优质生活、使用公平等方面的景观绩效表现。基于此，最终选取了16项因子，42项指标进行景观绩效评价（见图5-3）。

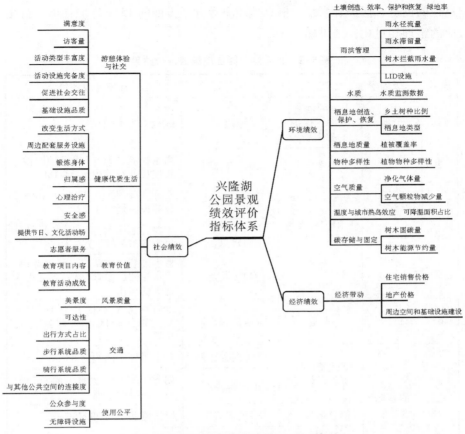

图 5-3　兴隆湖公园景观绩效评价指标体系

二、数据来源和处理

兴隆湖公园的数据资料以中国市政工程西南设计研究总院有限公司提供的 CAD 工程图纸、设计文本等为基础，结合遥感影像、实地调研进行校对、补充。其中，实地调研包含三个部分的内容：①记录使用者个人基础信息、场地感知的访谈式调查问卷；②使用者行为观察；③图纸核验、植物调查、设施分布、测量等。研究在保证一手数据收集过程科学性、全面性、可靠性的同时，利用 SPSS22.0 与 Excel2016 进行了数据处理。

三、兴隆湖公园环境效益评价

对兴隆湖公园土壤的创造、效率、保护和恢复、雨洪管理、水质、栖息地的创造、保护、恢复、栖息地质量等九个方面的 15 个环境指标进行相应的整理和量化，结果如表 5-2。

表 5-2　兴隆湖公园环境绩效评价结果

序号	一级因子	二级因子	指标	环境绩效评价
1	土地	土壤的创造、效率、保护和恢复	绿地率	绿地率为 19.86%
2	水	雨洪管理	雨水径流量	雨水径流量为 6 148.74 升/秒 较建设前约减少了 53.18%
3			雨水滞留量	雨水滞留量约 37 539 升/秒，较建设前增加了 22.51%
4			树木拦截雨水总量	主要乔灌木每年的雨水截留总量为 6 313 995 立方米
5			LID 设施	透水铺装、植草沟、雨水湿地、雨水花园、渗管/渠、下沉式绿地等的运用
6		水质	水质监测数据	水质从劣 V 类提升至 IV 类标准，部分湖区水质已经达到 III 类
7	栖息地	栖息地的创造、保护、恢复	乡土树种比例	乡土树种比例约为 63.13%
8			栖息地类型	创造了密林、疏林、灌草、湿地等多类型生境
9		栖息地质量	植被覆盖率	植被覆盖率为 29.75%
10		物种多样性	植物物种多样性	植物物种多样性为 0.63
11	碳、能源与空气质量	空气质量	净化气体量	兴隆湖公园植被共净化气体量约 7 358 千克/年。其中，约净化 O_3 1 692 千克/年，NO_2 2 891 千克/年，SO_2 775 千克/年
12			空气颗粒物减少量	兴隆湖公园植被约净化 PM10 3 005 千克/年
13		温度与城市热岛效应	可降温面积占比	可降温面积占比 88.48%
14		碳存储与固定	树木固碳量	碳储存量约为 1 695 821 千克/年
15			树木能源节约量	节约电力约 589 586 度，节约石油/天然气约 197 722 立方米

本书通过对比兴隆湖公园建设前的环境绩效值，所获数据对比见图 5-

4 所示。通过建设前后的环境绩效对比图可看出，园内建设前无植被覆盖，仅在雨水滞留量上有少量的效益，建设后，在净化水质、栖息地创造、雨洪管理、净化空气上都有了突出的效益。在本节中，作者将根据兴隆湖公园的建设要求、发展实际、要素禀赋和功能定位，对其环境绩效进行逐一评析。

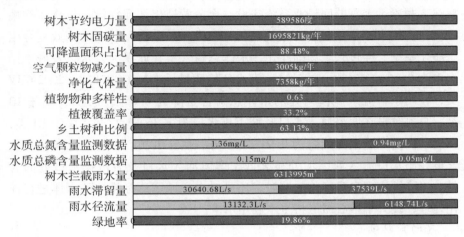

图 5-4 兴隆湖公园环境绩效建设前后对比图

（一）土壤的创造、效率、保护和恢复

兴隆湖公园绿地面积占陆域面积的 60.47%，但因园内水体面积较大，园内整体绿地率为 19.86%，低于国家生态园林城市标准的 40%，尚有较大的提升空间。

（二）雨洪管理

通过构建低影响开发雨水系统以及栽种植被，发现兴隆湖公园建成后显著减少了雨水径流量，并提升了雨水滞留量和树木截留雨水量。每年树木可截留雨水总量为 6 313 995 立方米，较建设前显著减少了 53.18% 的雨水径流量，雨水滞留量较建设前增加了 22.51%。

（三）水质

因兴隆湖的上游发源于龙泉山脉，具有山区河流的特点，在雨季的时候泥沙含量大、水位变幅大、流量变化大，因此建成后面临着水质污染的问题，主要污染物为氨氮、总氮和总磷。兴隆湖 2014 年蓄水时的水质为《地表水环境质量标准》（GB3838—2002）劣 V 类，现今化学需氧量年均浓度为 20 毫克/升，总磷年均浓度 0.07 毫克/升，氨氮年均浓度 0.15 毫克

/升，主要指标优于《地表水环境质量标准》（GB3838—2002）中 IV 类标准，部分湖区水质已经达到Ⅲ类。

兴隆湖作为一个整体的湿地修复系统，其修复路径是从湖泊要素、结构、过程到结果的全方位呈现，系统塑造了完备的水域地形与完善的要素禀赋，完善了丰富的底栖亚系统建设，充分营造出浅滩深潭，生物多样性生境，构建出"水生植物—底栖动物—鱼类—微生物"共生的高效复合生态净化系统。经过兴隆湖的净化，水体总磷含量在鹿溪河入水口及城市排水口为 0.15 毫克/升，属于《地表水环境质量标准》（GB3838—2002）IV类，在出水口流入鹿溪河处的水体总磷含量降为 0.05 毫克/升，属于 Ⅲ类。总氮含量在鹿溪河入水口及城市排水口为 1.36 毫克/升，属于 Ⅲ 类，在出水口流入鹿溪河处降为 0.94 毫克/升，属于Ⅱ类。可看出总磷和总氮含量在出水口流入鹿溪河处显著低于鹿溪河入水口及城市排水口处的含量。兴隆湖实现自身净化的同时，还可对中心城区达标排放的水体进行深化处理，提升了中心城区再生水利用水平。

（四）防洪

在防洪措施上，通常要进行分洪、滞洪、固沙工作。在分洪、滞洪上，依托相关水利工程，建设单位采用了河（鹿溪河）湖（兴隆湖）分离的方案，即新建一条泄洪道，通过水闸的调控，在洪水期时，把一些高泥沙含量的山洪水分流到兴隆湖的下游，并利用鹿溪河作为整个兴隆湖的储水。以此将天府新区防洪等级提升至百年一遇，并降低下游洪涝风险。固沙则主要是通过植树覆绿，优化岸线完成。同时，积极配合市政部门与地方政府保持防汛道路畅通，还对兴隆湖的湖底进行地形塑造：尊重原始地形，基于湖区水动力流场计算，开挖导流槽，营造出汛期的快速排沙流场，使泥沙不会堆积湖底。常备物料专人专班负责，严禁挪用与随意摆放，保证备得足，运得出，用得上。

通过调研，兴隆湖在蓄滞洪水上一定程度上起到了突出作用，其正常蓄水位 464 米，正常蓄水位以下库容为 640 万立方米，最大泄洪能力约为 2 588 立方米/秒，主要承担公园周边及鹿溪河上游主支流的强降雨汇流。然而就鹿溪河整个防洪系统而言，防洪力度仍旧不足，在汛期鹿溪河下游仍易受到洪涝灾害。尤其自 2018 年以来极端暴雨天气频发，夏季鹿溪河流域连续出现特大暴雨，并受上游龙泉驿区、仁寿县视高镇的特大暴雨叠加影响，导致大量洪水下泄，甚至多次遭遇超百年一遇的洪水。同时由于当前鹿溪河部分自然河道较窄、地理位置较低、丘陵区坡面汇水量大等，出现超出兴隆湖区安全水位并从水阀顶端溢流向下游的现象，迫使兴隆湖不但无法帮助下游蓄积雨水，而且为防止兴隆湖堤坝决堤，对暴雨过程中汇集的雨水开展泄洪，反而导致鹿溪河下游洪灾进一步加重。

（五）栖息地

习近平总书记指出，"我们要以自然之道，养万物之生，从保护自然中寻找发展机遇，实现生态环境保护和经济高质量发展双赢"。兴隆湖水域开阔，通过水生态系统的构建，为各类浮游生物、鱼类等水生动物以及水生植物构建了良好的栖息环境。同时，以最大程度减少人类活动影响为基本目标，调整原亲水方案，使湖心岛升级为水禽栖息保护区（见图5-5），增加其闭锁性，为鸟类提供生态跳板效应和丰富的食物来源；加大监测巡护监督力度，提高栖息地管理成效，切实提升生物多样性保护水平。通过对栖息地生境现状、动植物种类数量和水质水源状况等进行专业分析，兴隆湖公园结合水禽的生活特性改进了食物链设计，将近3.27公顷的岛屿设计为纯生态岛屿，隔绝了人类干扰，从而给水禽提供舒适的栖息地环境（见图5-6）。2020年3月，四川省野生动植物保护协会和成都观鸟会联合发布了四川省第一份《四川最佳观鸟地指南1.0》，其中兴隆湖公园即为浓墨重彩的一笔，成为天府新区观鸟爱好者的不二之选。

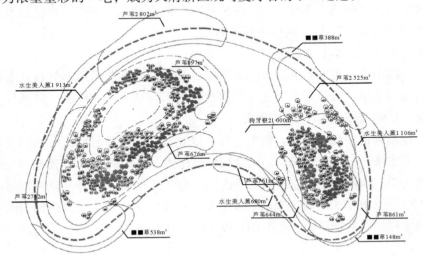

图5-5　兴隆湖公园湖心岛绿化平面图

图片来源：中国市政工程西南设计研究总院有限公司提供。

图 5-6　兴隆湖公园野生动物在栖息地活动实景

图片来源：作者自摄。

　　建设后兴隆湖公园生境类型丰富，创造了密林、疏林、灌草、湿地、岛屿等多类型生境，目前已成为成都平原范围内最大的水鸟越冬地，包括诸多省级重点野生保护动物。在植物景观营造中，致力于做好植物的色彩搭配与疏密性种植，留出足够的透光空间。最高峰时，兴隆湖公园有野生鸟类52种（见附表2），雁鸭类水鸟单次统计的最大数量为3 500只以上，其种类包括小鹤鹬、赤麻鸭、红胸秋沙鸭、白鹭等几十种，成为摄影爱好者的"观鸟天堂"与"网红拍照圣地"。

　　（六）碳能源与空气质量

　　兴隆湖作为天府新区最大的人工湖，其本身对调节周边小气候具有较为明显的效果，诸如影响周边空气湿度，范围可达至少100米，降低周边温度，影响范围可达至少300米。

　　现园内植被虽在固碳、截流上有一定效益，但就公园城市可持续发展建设要求来看，尚未达标。园内总绿化面积约124.94平方米，现有绿化覆盖率为29.75%，低于成都市规划要求的45%（至2020年），森林覆盖率为12%，远低于天府新区规划要求中35%的标准。故可认为兴隆湖公园在植物多样性、植物组团层次上仍有较大的提升空间。

四、兴隆湖公园社会效益评价

（一）受访者基础信息分析

良好生态环境是最公平的公共产品和最普惠的民生福祉。在 2020 年 6～7 月先后分 4 次在兴隆湖公园内，随机对使用者进行当面式访谈，共获得访谈问卷 196 份，剔除无效问卷 7 份，共回收有效问卷 189 份，有效问卷率 96.43%。具体来看，2020 年 6 月 16 日（星期二）第一次实地调研共进行访谈问卷 29 份，其中有效问卷 28 份；2020 年 6 月 20 日（星期六）第二次实地调研共进行访谈问卷 63 份，其中有效问卷 62 份；2020 年 7 月 5 日（星期日）第三次实地调研共进行访谈问卷 59 份，其中有效问卷 57 份；2020 年 7 月 6 日（星期一）第四次实地调研共进行访谈问卷 45 份，其中有效问卷 42 份。问卷基本信息统计见表 5-3。

表 5-3　问卷基本信息统计

变量	变量类别	频数	占比
性别	男	73	38.62%
	女	116	61.38%
年龄	18 岁及以下	8	4.23%
	19～44 岁	91	48.15%
	45～59 岁	68	35.98%
	60 岁及以上	22	11.64%
陪同类型	单独	32	16.93%
	家人	70	37.04%
	恋人	22	11.64%
	亲朋好友	65	34.39%
游客类别	周边办公人群	25	13.23%
	周边居民	41	21.69%
	本市其他区域市民	106	56.09%
	外地游客	17	8.99%

表5-3(续)

变量	变量类别	频数	占比
来园频率	第一次来	26	13.76%
	每天一次	14	7.41%
	每周一次	67	35.45%
	每月一次	37	19.57%
	每半年一次或更久	45	23.81%
交通方式	公交/地铁	75	39.69%
	自驾	67	35.45%
	步行	19	10.05%
	骑行	21	11.11%
	出租车	7	3.70%
交通时长	10分钟及以下	32	16.93%
	10~30分钟	50	26.46%
	30~60分钟	75	39.68%
	1~2小时	23	12.17%
	2小时以上	9	4.76%
逗留时间	0~2小时	65	34.39%
	2~4小时	98	51.85%
	4~6小时	21	11.11%
	>6小时	5	2.65%

具体来看，各类调研样本主体分布合理，样本涵盖了各个年龄段的群体（见图5-7），覆盖面较为广泛。并在调研不同年龄段的样本时，适时调整了访谈的提问方法与访谈时间，确保了调研结果的准确性。

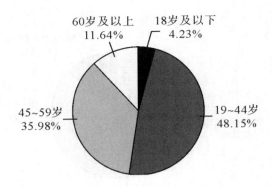

图 5-7　调研样本年龄占比

就调研样本的陪同类型而言，各种陪同类型丰富多样，与家人（直系亲属）和亲朋好友一同游览兴隆湖公园的受访者占比均超过三成（见图 5-8），不少公司在此举办团建活动。

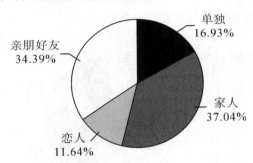

图 5-8　调研样本陪同类型占比

就调研样本的游客类别而言，园区周边服务人群以高科技、信息化技术人才以及高端商务等办公人群（13.23%）和居住人群（21.69%）为主，占比为 34.92%。不难看出兴隆湖公园的服务对象广泛。虽然距离传统意义上的成都市中心城区较远，但是除天府新区外的成都市其他区域市民占游客类别的 56.09%。此外，兴隆湖公园也凭借优美的自然风光、便捷的交通条件和较高的知名度，吸引了近一成的外地游客（见图 5-9）。

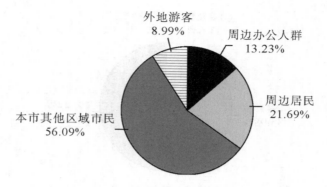

图 5-9　调研样本游客类别占比

　　就调研样本来兴隆湖公园的频率而言，每天都能游览兴隆湖公园的群体多为附近居民与附近就业者，占比为 7.41%。值得注意的是，每周至少能来兴隆湖公园一次的调研样本占比近 43%（见图 5-10），足以显现兴隆湖公园较强的客流吸引能力和重复游览率。

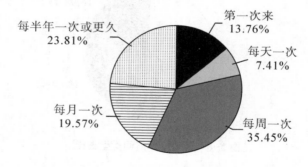

图 5-10　调研样本来园频率占比

　　就调研样本来兴隆湖公园所乘坐的交通方式而言，由于兴隆湖公园所在地区的人口聚集程度依旧较低，除地铁外的其他公共交通所耗费的时间过长，因而有 35.45% 的调研样本自驾前往兴隆湖公园。作为骑行圣地，在调研中也对 11.11% 的骑行样本进行了访谈（见图 5-11）。此外，单程交通时长在 1 小时内的调研样本占比为 83.07%，印证了游客吸引力随交通时长递减的规律（见图 5-12）。

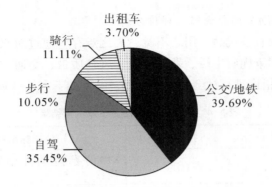

图 5-11　调研样本交通方式占比

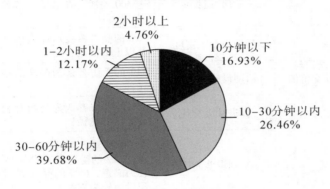

图 5-12　调研样本交通时长占比

就调研样本在兴隆湖公园内的逗留时间而言，仅进行单纯游览的调研样本逗留时间多在 4 小时以内，参与就餐、野餐等活动的调研样本逗留时间通常大于 4 小时（见图 5-13）。

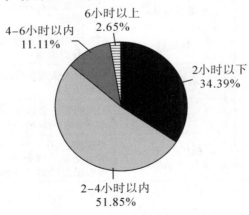

图 5-13　调研样本逗留时间占比

（二）兴隆湖公园社会绩效评价分析

生态环境没有替代品，用之不觉，失之难存。通过对兴隆湖公园娱乐与社交价值、健康优质生活、教育价值、风景质量、交通、使用公平这六个方面的 24 个指标进行社会绩效的量化，结果如下表 5-4 所示。

表 5-4　兴隆湖公园社会绩效调查结果

序号	一级因子	指标	指标阐释
1	娱乐与社交价值	满意度	89%的受访者对公园的游憩体验较为满意
2		访客量	自对外开放以来，公园日均接待游客逾 300 人次，在节假日高峰期，人数过 10 万次
3		活动类型丰富度	75%的受访者表示在园内开展了 3 种及以上的活动
4		活动设施完备度	34%的受访者认为公园活动设施较为完善
5		促进社会交往	64%的受访者认为公园有利于拓展社会交往的途径
6		基础设施品质	82%的受访者对公园卫生设施较为满意，72%的受访者对公园的照明设施较为满意，65%的受访者对公园的休憩设施较为满意
7	健康优质生活	改变生活方式	72%的兴隆湖公园周边的居民和办公人群标识生活方式发生了很大改变
8		周边配套服务设施	63%的受访者对公园的周边配套服务设施较为满意
9		锻炼身体	75%的受访者表示公园活动使身体得到了锻炼
10		归属感	82%的周边居民受访者认为公园有利于提升归属感
11		心理治疗	95%的人认为在公园内可以休息放松，缓解压力
12		安全感	93%的受访者表示兴隆湖片区的治安水平和法治环境得到了提升
13		提供节日、文化活动场地	兴隆湖公园至今举办了上百场活动，多为文化、体育类活动，45%的受访者听说或参加过举办的活动

表5-4(续)

序号	一级因子	指标	指标阐释
14	教育价值	志愿者服务	超过七类志愿者队伍投入到公园的文明建设中
15		教育项目内容	89%的受访者对公园的教育项目内容较满意
16		教育活动成效	79%的受访者对公园内教育活动成效表示满意；65%的人参观过天府新区公园城市展厅，通过展厅讲解员的讲解，80%的参观者对新时代公园城市理念、习近平生态文明思想以及多元城市理念有了更系统的认知；42%的受访者阅览了园内的科普标识牌
17	风景质量	美景度	86%的受访者认为公园整体景观视觉体验较好，78%的受访者认为湖水景观效果较好，85%的受访者认为植物景观效果较好，景观季相满意度为73%，植物种类满意度为79%
18	交通	可达性	92%的受访者认为来访很方便
19		出行方式占比	单程交通时长在1小时内的调研样本占比为83.07%
20		步行系统品质	72%的受访者对公园的步行系统品质较为满意
21		骑行系统品质	83%的受访者对公园的骑行系统品质较为满意
22		与其他公共空间的连接度	通过绿道连接了天府科学城山地公园、鹿溪河生态区、天府公园和鹿溪智谷
23	使用公平	公众参与度	53%的受访者对兴隆湖的公众参与度满意
24		无障碍设施	46%的受访者对兴隆湖的无障碍设施满意

1. 娱乐与社交价值

（1）提升游客满意度

从实地调研结果来看，89%的受访者对游憩体验较为满意，认为不负此行，且未来会经常到访。据实地观察，游客群体多集中在公园北部和西部，东部南部游客较少，景观使用率较低。

（2）访客量

自2016年7月正式对外开放以来，兴隆湖公园日均接待游客逾300人次，在节假日高峰期，来访人次甚至过万。在2022年暑期，兴隆湖日均游览群众已达2万人次，节假日高峰期已达到10万人次。

（3）活动类型丰富度

根据问卷数据可知，75%的受访者表示在园内开展了3种及以上的活动，在运动健身上，园内可以步行、骑行（租用共享单车或自行车：2人单排车及4人双排车）、跑步、打篮球、玩滑板等。在休闲娱乐活动上，露营、野餐、放风筝、遛狗、摄影的游客较多。同时，83%的受访者表示其在园内观赏了风景，并和他人进行了交流。就不同的群体而言，周边办公人员的主要活动内容有休憩、赏景、社交、晨练。周边居住人员的主要活动为散步、跑步、遛狗、赏景。跑步和散步等活动还可以有效缓解心理健康问题（Wolf and Wohlfart，2014）。本市其他区域居民的主要活动为露营、野餐、摄影、赏景等（见图5-14）。

图5-14　兴隆湖公园使用者娱乐与社交活动实景

图片来源：作者自摄。

（4）活动设施完备度

根据问卷数据可知，34%的受访者认为活动设施较为完善，剩余受访者则表示活动设施较为单一，具体表现为健身器材与儿童游乐设施较为匮乏。兴隆湖公园现已建设了极限运动场、儿童艺术中心、路演中心等特色场所和应用场景，引入了滑板、小轮车、轮滑、独轮车等极限运动，同时植入了特色驿站，增设淋浴、直饮水、智能储物、自动贩卖等特色功能，为市民提供多样化服务。

（5）促进社会交往

根据问卷数据可知，64%的受访者认为公园有利于拓展社会交往的途径。部分周边居民表示，有时会在园内遇到自己的邻居，促进了邻里的交往。部分周边办公人员表示自己经常和同事在园内散步，跑步，公司团建有时也在园内进行。融合在地性与当代性的杰出建筑代表——湖畔书屋，以"一本天上掉落的书"为故事起点，将书的造型融入建筑形态当中，深度超过1米的水下玻璃幕墙，让人仿佛置身于"水下世界"，屋顶的曲面与湖面的水纹形成光影融合恰到好处的呼应，成为使用者的热门打卡点和"客流洼地"，巧妙融合了功能特殊性、设计灵活性、观赏动态性与环境协调性，人流、物流、商流、信息流集聚效应明显（见图5-15）。

图 5-15　兴隆湖公园湖畔书店实景

图片来源：作者自摄。

（6）基础设施品质

具体分析问卷数据，82%的受访者对卫生设施较为满意，72%的受访者对照明设施较为满意，65%的受访者对休憩设施较为满意。园内的售卖车、售卖亭以及自动售卖机、直饮水设施极大方便了游客的使用。同时园内太阳能智能座椅的设置也提升了游客的休闲体验。通过对不满意人群调查发现，休息座椅数量较少、路灯亮度较低是普遍反映的问题。

2. 健康优质生活

（1）改变生活方式

根据问卷数据可知，72%的兴隆湖周边的居民和办公人群提到生活方式发生了很大改变。诸多环湖配套也解锁了生活新方式。

（2）周边配套服务设施

根据问卷数据可知，63%的受访者对周边配套服务设施较为满意，不满意人群则表示停车不便，周边餐饮较少，且品类较为单一。通过调研得到兴隆湖周边配套服务设施分布所示。兴隆湖园内设有 8 座公共厕所，紧邻环湖绿道，可满足游客基本需求。在停车场设置上，地上停车位集中在公园外西北侧和东北侧，地下停车场位于公园周边的新经济产业园区。在周边商业上，诸多底商店铺的出现，使得兴隆湖公园较建设前已有了显著的提升，但由于区域建设尚未完成，周边尚在完善中，相较于中心城区内的公园而言，现有配套服务设施尚不足以满足日益增加的游客的需求。

（3）锻炼身体

根据问卷数据可知，75%的受访者表示身体得到了锻炼，总长 8.848 千米的环湖跑步绿道绕兴隆湖一周，灰色为步道，蓝色为跑道，将珠穆朗玛峰的海拔与步道公里刻度巧妙结合，提供了多样化的步行、骑行、跑步的机会。与此同时，场地西侧的篮球场使用者较多，利用效率较高。

（4）归属感

根据问卷数据可知，82%的受访者认为兴隆湖公园的建设有利于提升使用者的归属感，让使用者有了实实在在的获得感与幸福感。现兴隆湖国际化社区建设正大力推进，对标国际标准，围绕"一园两圈"（一园即公园城市，两圈即高质量产业生态圈和高品质生活圈）建设，持续优化国际化营商环境，并进一步完善国际化社区服务体系。

（5）心理治疗

根据问卷数据可知，95%的受访者认为在兴隆湖公园内可以休息放松，缓解压力。Hansmann et al. （2007）指出，在公园绿地中进行休闲娱乐与锻炼身体，可使身心处于亚健康状态的居民，心理健康恢复度达 40%，头疼程度减轻 52%，压力缓解程度高达 87%。园区宽阔的大水面、摇曳的芦苇、盛放的花朵、水天一色的天际线都让使用者感觉到心情愉悦。

（6）安全感

根据问卷数据可知，93% 的受访者表示整块区域的治安和环境得到了提升。同时，由于兴隆湖湖水面积较大，为保证游客安全，园区日常制定了紧急预案并不定期开展专项安全演练。节假日高峰期则设有安保人员 24 小时不间断巡逻，落实每日两次汇报制度。

（7）提供节日、文化活动场地

根据问卷数据可知，45% 的受访者表示听说或参与过兴隆湖举办的活动。78% 的参加者表示通过举办节日庆典、体育、文化和展览活动，场地的计划性和组织性得到了提升，同时丰富了他们的生活，提高了趣味性。天府新区专门成立了兴隆湖区域经常性活动领导小组并设立办公室（简称"兴隆湖活动办"），为赛事举办提供一站式报备服务。兴隆湖公园至今已举办了上百场活动，多为文化、体育类活动，如马拉松路跑、骑行、摄影、志愿者、植树等，小至夜跑、徒步走等小型竞赛，大至国际半程马拉松、全国健身达人赛等众多重大赛事活动（见表 5-5），初步形成了周周有活动、月月有大赛的经常性活动体系。承办单位涵括政府、单位、企业、组织、学校、社区等。2020 年 1 月，天府新区兴隆湖经常性活动领导小组办公室更是进一步优化、简化规范了登记预约流程，并推出了网上预约登记系统，为兴隆湖各类活动的举办提供了便利，承担了传播天府文化、倡导健康理念、引领市民健康生活风尚的功能。

表 5-5　兴隆湖公园举办的部分活动一览表

时间	活动名称
2017.09	2017 成都国际马拉松赛
2017.12	2017 成都第四届"为爱行走·善行成都"大型徒步公益活动
2018.05	"韵动中国"2018 天府新区公园城市半程马拉松赛
2018.07	"2018 大美乡村 生态新区"主题摄影作品展览活动
2018.10	"爱岗乐业、悦跑兴隆"2018 环兴隆湖悦跑活动
2018.12	"天府杯"2018 天府公园城市（TPC）全国健身达人赛
2019.03	2018—2019 年中国三人篮球擂台赛暨"我要上奥运"选拔赛第一阶段四川省级决赛

表5-5（续）

时间	活动名称
2019.04	"4·22"世界地球日主题活动——兴隆湖环湖跑
2019.10	"善行天府 大爱无疆"慈善活动
2020.07	成都市绿道科普主题摄影大赛兴隆湖创作交流活动
2020.11	欧洲 Junction 全球旗舰活动天府新区全球同步赛区
2021.04	"百年华诞颂党恩，全民运动展风采"兴隆湖首届湖畔运动嘉年华活动
2021.10	2021兴隆湖新经济发展论坛
2021.12	2021天府新区"一带一路"商会联盟大会暨第三届兴隆湖国际论坛
2022.01	2022年成都湿地宣传月活动
2022.02	"闹欢乐元宵 展天府气质"的环湖定向跑活动
2022.03	"爱成都 迎大运"庆祝"三八"妇女节健步走比赛暨新春恳谈活动
2022.04	"吾是青年、点燃激情、接续奋斗"主题活动
2022.05	"爱成都 迎大运"健步走活动
2022.06	"低碳让生活更美好"2022年节能宣传周主题志愿服务示范活动
2022.07	庆祝"七一"建党节系列活动
2022.08	兴隆湖公园湖畔放歌活动

资料来源：作者根据公开资料整理。

3. 教育价值

（1）志愿者服务

新区组织党员志愿者队伍、中小学生、青年（大学生）志愿者队伍、工作人员志愿者队伍、交通民警志愿者队伍、环保志愿者队伍、景区市场监管志愿者队伍等，形成强大的志愿者力量。在节假日期间，组织开展文明提示、文明游览、文明拍照、文明引导、文明宣传、文明用餐等倡导行动。沿途清理垃圾，劝阻不文明的行为。2018年12月，全国文明旅游志愿者大会在兴隆湖举行，由志愿者、企业、学生、社会组织组成的60个方阵近3 000名志愿者联合发出倡议，共同为文明旅游助力。越来越多的人加入志愿宣传队伍，同时也有越来越多的游客自觉争做文明旅游的践行者、传播者和推广者，使得文明旅游渐成风尚。

（2）教育项目内容

根据问卷数据可知，89%的受访者对教育项目内容较满意，园内通过科普标识牌对生态处理手法包括雨水花园、湿地相关理念，以及植物信息等内容进行了科普。天府新区公园城市展示厅则呈现了公园城市的理论缘起、阶段性研究成果、发展新范式等内容。

（3）教育活动成效

根据问卷数据可知，79%的受访者对园内教育活动成效表示满意。65%的人参观过天府新区公园城市展厅，通过展厅讲解员的讲解，80%的参观者对新时代公园城市理念、习近平生态文明思想以及多元城市理念有了更为系统的认知。42%的人阅览了园内的科普标识牌。

4. 风景质量

美景度。根据问卷数据可知，86%的受访者认为整体景观视觉体验较好，78%的受访者认为湖水景观效果较好，85%的受访者认为植物景观效果较好，植物种类满意度为79%，景观季相满意度为73%。大多受访者认为兴隆湖公园四季皆有景可观，植物密集度较高、辨识性较强，春季的樱花，夏季的蒲苇、睡莲，秋季的格桑花海，冬季的芦苇，形成发展了"月月花不断，四季景不同"的观赏效果，构成了游客对兴隆湖的植物印记。

经调研，现状植被的植物空间类型大致可分为疏林草地区、南侧微型山地的密林区、草坪区、西侧与西北侧的广场种植区以及水生植物区。园内以疏林草地居多，乔木孤植、散植或群植在草坪上，灌木和草本植物较为缺乏，植物组团层次较为单一。同时得到常绿树与落叶树之比约为4：1，绿叶树与彩叶树之比约为19：1，冬季常绿树和彩叶树较少，季相较为单一。

天气晴朗时游客对水景的满意度较高，经反映暴雨后湖水较为浑浊，漂浮的鱼尸和杂乱的水草极大影响了观感，满意度大大降低。同时，部分受访者也表示园内景观设置较为单一，所包含自然生态要素较少；场地整体视线过于通透开敞，缺乏凝聚焦点；地形和植物配置变化基本趋同；周边在建楼盘和高密度的高层建筑也极大影响了观赏性等一系列的问题，影响天际轮廓线（见图5-16）。

图 5-16　兴隆湖公园天际线视觉空间效果实景

图片来源：作者自摄。

5. 交通

（1）可达性

根据问卷数据可知，92%的受访者认为来访很方便。在道路交通方面，目前道路网络已基本建设完成，兴隆湖公园周边被城市快速路或城市主干道环绕，北临科学城北路、南临科学城中路、西临天府大道南段、东临梓州大道南二段。兴隆湖及其环湖景观带以其周边的环绕道路湖畔路为界，属于城市次干道；两者之间设有若干条呈网状排布的城市次干道或城市支路，路网系统完整且清晰。在公共交通方面，"十三五"时期，成都市轨道交通线路投运9条（地铁线路8条，有轨电车线路1条），运营里程558千米，位居全国第四。兴隆湖公园场地西侧有成都地铁1号线，西北角为兴隆湖站，西南角为1号线终点站科学城站，东北侧为成都地铁18号线的兴隆站，从成都市老城中心乘地铁到达场地约需60分钟。与此同时，T102、T39、T1、T100、T6、T3、T101、T1快等多趟公交车直达兴隆湖公园，沿湖畔路环湖还设有两路环湖公交车，沿途设有13个公交站点，然而由于该地区仍处于初创阶段，公交班次较少且站点缺乏明确的标识引导。此外，从成都市区中心驾车到达场地约需40分钟。整体而言，场地的可达性较高，心理可达性、行动可达性与道路愉悦性等细分领域也处于较高水平。

（2）慢行系统品质

根据问卷数据可知，72%的受访者对兴隆湖步行系统品质较为满意，83%的受访者对骑行系统品质较为满意。经调研发现，在园路的布局上，兴隆绿道环湖设置，其他道路连接出入口与兴隆绿道，较为零碎混乱，分级不明确，系统性不足。园内园路在组织交通、划分空间、引导游览、构成景观与排水泄水等领域仍有一定的提升空间。就慢行体验而言，普通成人慢走环湖一圈需2小时40分钟左右，夏季环湖绿道两侧行道树较少，遮阴不足，休憩座椅较少，使得体验感较差（见图5-17）。骑行一周约40分钟，对于锻炼和赏景而言，时长较为适宜。但由于共享单车投放不足，单车停放区域车辆少，影响了游客的慢行体验。

（3）与其他公共空间的连接度

兴隆湖公园北侧通过绿道和交通道路与天府科学城山地公园、鹿溪河生态区和天府公园相连，东侧连接鹿溪智谷，串联为绿色生态体系。为市民实现开门见绿，构建林田环绕、河谷贯通、公园渗透、绿道串联的生态网络，夯实了生态基础。

图5-17　兴隆湖公园湖畔人行跑道实景

图片来源：作者自摄。

6. 使用公平

（1）公众参与度

整理来看，规划设计建设阶段，兴隆湖公园规划设计过程中专业领域的参与度较高，2018年来，在四川天府新区成都管委会公园城市建设局的组织下，成都天府新区投资集团有限公司、中国建筑西南设计研究院有限公司牵头围绕兴隆湖开启公园城市示范引领项目的设计工作，先后启动了"兴隆湖书店"竞赛及"双心联动"两处公共建筑节点竞赛，在一定程度上引领了成都由设计牵头单位来联合组织开放竞赛的新模式。在建设完成后，虽发布大众传媒信息实现告知公众及宣传目的，但整体信息较为分散，且基本未对设计模型以及公园设计图纸进行公示，多以专家访谈、新闻的形式概述设计策略。管理上可通过志愿服务的方式进行参与。故仅有53%的园内受访者对兴隆湖的公众参与度满意，与受访者深入沟通后，多数受访者表示有较高的参与意愿，但有效的参与渠道不足。

（2）无障碍设施

根据问卷数据可知，仅有46%的受访者对兴隆湖的无障碍设施满意。部分受访者表示未找寻到母婴室，无障碍卫生间、无障碍园路、无障碍标识牌、无障碍停车位配比不足。通过实地调研，兴隆湖公园存在导引图旁未设置盲文及语音提示，园路上未铺设盲道等现象，湖旁未设置护栏等安全设施，对于儿童、老人、残疾人士尤其视觉障碍与肢体障碍人士的使用存在安全隐患，整体在人性化无障碍设施上仍存在不足。

五、兴隆湖公园经济效益评价

良好的生态环境是经济社会持续健康发展的重要保障。公园绿地属于第三产业，具有直接经济效益与间接经济效益。直接经济效益主要包含公园门票、产品与服务等产生的直接经济收入。公园绿地的间接经济效益通常远超直接经济效益，其正外部性使得众多行业与部门受益，具有综合性、广泛性、长期性、共享性与不可替代性等特质。兴隆湖公园良好的生态环境不仅带来了民生福祉，而且显著提升了经济效益，成为推动区域高质量发展的内生动力。对于兴隆湖公园的经济效益评价，作者将从房价、地价的变化，以及周边空间和基础设施建设三个间接经济效益方面来进行分析研究。

（一）周边住房价格

作者统计了兴隆湖公园周边，在天府大道南二段以东、梓州大道南二段以西、科学城北路东段以南、科学城中路东段以北的范围内的住房价格，通过实地调研与卫星数据补充，筛选出了 6 个已建成楼盘：天投鑫苑南区、天投鑫苑北区、中建华府锦城、中铁诺德壹号观湖轩、天府万科云城和中交悦湖。

与此同时，研究结合安居客、链家等房产中介 APP 的历史房价数据，并采取现场走访当地房产中介门店进行问价的方式进行了房价数据补充，发现该区域内的 6 个楼盘在 2015 年兴隆湖公园建成并投入运行后，房价均有较大幅度上涨，并且涨势均高于天府新区板块与传统意义上的广义兴隆湖板块（见表 5-6）。综合来看，兴隆湖公园建设各阶段兴隆湖板块的住宅价格变动具有以下四点特征：一是由于房产价格预期性的存在，在兴隆湖公园的规划建设初期，该板块的住宅价格已经出现小幅上扬；二是在兴隆湖公园的建设期，该板块住宅价格增幅较大，但是规律性仍不很明显；三是兴隆湖公园带来的增值与加权距离相关，随着距离增加其增值幅度呈现一定程度的下降趋势，但是变化幅度随着距离增加而递减；四是与同期天府新区板块的住宅价格相比，在统计学意义上，兴隆湖公园周边住宅价格在公园建成后的增值幅度更大。

表 5-6　兴隆湖公园周边商品房年度均价

单位：万元/平方米

序号	名称	2014 年	2015 年	2016 年	2017 年	2018 年	2019 年	2020 年
1	天投鑫苑北区	–	1.75	1.89	2.13	2.78	2.86	3.25
2	天投鑫苑南区	–	–	1.91	2.15	2.72	2.95	3.29
3	中建华府锦城	–	–	1.99	2.17	2.58	2.86	3.42
4	中铁诺德壹号观湖轩	–	–	–	–	–	–	1.97
5	天府万科云城	–	–	–	–	–	1.98	2.05
6	中交悦湖	–	–	–	–	–	–	1.99
7	兴隆湖板块*	1.32	1.39	1.53	1.71	1.75	1.82	2.01
8	天府新区	0.77	0.81	0.89	1.35	1.65	1.69	1.87

资料来源：安居客 https://www.anjuke.com/chengdu；成都链家网 https://cd.lianjia.com；八爪鱼采集器 https://www.bazhuayu.com/。

注：* 此处兴隆湖板块指兴隆湖公园 3 千米范围内的区域。

（二）周边地价

兴隆湖片区积极贯彻"湖山画境，智慧生活"的景观设计理念，成功打造出了一个与成都科学城相匹配的生态型城市中心水环境。作者通过对兴隆湖公园建成后到 2018 年这四年间，公园 3 千米范围内的 12 个地块成交信息进行梳理发现（见表 5-7），成交地块涵盖了公园的东南西北四个方向，总体平均成交楼面地价为 1 643.93 元/平方米，商住用地平均成交楼面地价为 1 506.91 元/平方米，商住混用地平均成交楼面地价为 2 329.02 元/平方米。不难看出，兴隆湖公园建成后，对于公园 3 千米范围内的提升作用显著，分年度看，年均增幅高于天府新区 9.8 个百分点。此外，2019 年 11 月，兴隆湖板块的地价拍卖相继创下成交楼面地价 11 943.83 元/平方米、9 128 元/平方米和 9508 元/平方米的新高，兴隆湖公园的经济效益不断显现。2020 年以来，科学城兴隆湖板块供地累计 18 宗，兴隆湖环湖位置的住宅用地仅 7 宗，其中部分项目已经售罄或进入尾盘阶段，据相关市场信息，即便是泛兴隆湖地块，最高清水限价已经达到了 28 000 元/平方米。在 2022 年上半年，兴隆湖科学城板块以 32.4 万平方米的成交量跻身成都市热销板块第三位（见表 5-8），并且随着新项目的持续入市，该板块有很大希望在较长时期内持续保持高热态势。

表 5-7 2015—2018 年兴隆湖公园 3 千米范围内地块成交信息*

成交时间	位置	占地面积（亩）	容积率	用地性质	净用地面积（万平方米）	可建住宅面积（万平方米）	可建商业面积（万平方米）	成交楼面地价（元/平方米）
2015.12.1	兴隆街道三根松村三、五组	189.15	2.3	商兼住	12.61	14.28	15.27	959.83
2016.12.29	兴隆街道三根松村三组，跑马埂村三组	172.27	2.4	商住	11.48	22.05	5.51	1 687.68
2016.12.29	煎茶街道青松村一组、五里村七组	151.61	3.5	商住	10.11	28.30	7.07	1 157.29
2016.12.29	煎茶街道五里村五组	126.20	3.0	商住	8.41	19.73	4.93	1 350.56
2016.12.29	兴隆街道宝塘村三组、煎茶街道五里村五组	107.95	5.5	商住	7.20	7.92	31.66	736.37
2016.12.29	兴隆街道保水村五、七组	82.39	3.5	商住	5.49	13.45	5.77	1 157.42
2016.12.29	兴隆街道三根松村二、三、五组	78.04	2.3	商住	5.20	9.57	2.39	1 761.86
2016.12.29	兴隆街道跑马埂村一组、宝塘村二组，煎茶街道青松村一组	71.80	3.5	商住	4.79	13.40	3.35	1 157.39
2016.12.29	兴隆街道五里村六组	63.21	4.0	商住	4.21	13.48	3.37	1 012.83
2016.12.29	兴隆街道凉风顶村三、四组	47.37	2.8	商住	3.16	7.07	1.77	1 446.76
2017.11.28	兴隆街道罗家店村一、二、三组，正兴街道凉风顶村五、六组，秦皇寺村三组	299.39	6.5	住兼商	19.96	79.53	50.00	3 698.20
2018.2.8	兴隆街道跑马埂村三、四组	172.02	2.0	商住	11.67	9.17	13.76	3 600.93

资料来源：作者根据公开资料整理。

注：*此处不包含招商引资配套产业用地。

表 5-8　2022 年上半年成都市房地产热销板块前二十名

板块	成交面积 （万平方米）	成交均价 （元/平方米）	供求比	成交项目数
麓山	40.1	17 155	0.88	8
天府中央商务区	37.6	23 565	0.21	7
科学城（兴隆湖）	32.4	18 245	0.72	9
锦江生态带	25.0	15 088	1.36	3
八里庄—二仙桥	23.0	21 600	0.49	8
新都老城	21.9	13 108	0.43	12
麓湖	20.4	25 204	1.79	6
十陵	19.4	21 076	1.23	8
新川	18.6	27 838	3.03	12
东安湖	17.7	20 871	1.73	5
光华新城	16.7	16 546	0.32	11
华府	15.3	20 634	0.47	6
市中心	14.7	29 063	0.12	6
川师—东客站	14.4	28 094	0.06	8
洛带	14.0	6 982	1.74	4
武侯新城	13.9	24 795	0.36	4
包江桥	12.4	13 960	1.21	2
昭觉寺—驷马桥	11.8	20 740	–	7
东湖—静居寺	11.8	28 431	1.06	1
大丰	11.6	14 576	0.17	7
最大值	40.1	29 063	3.03	12

资料来源：作者根据公开资料整理。

（三）周边空间和基础设施建设

兴隆湖板块正处于城市能级跃升期、空间形态塑造期、动力转换关键期、宜居生活提升期、现代治理攻坚期"五期叠加"的关键时期，经济社会发展日新月异，城市产业结构持续优化调整。随着兴隆湖公园的建设与完善，公园毗邻地区新增了 5 条主要道路连接兴隆湖和周边地区，其中城市主干道 1 条（广州路）、城市次干道 3 条（海南路、广西路、兴隆湖十四号路）、城市道路支路 1 条（海口路）。同时，还包含道路配套的给排水及交通安全设施、通信照明、绿化景观、燃气、电力、综合管沟等附属配套工程持续完善，市政基础设施日常维护不断强化。

兴隆湖畔作为科学城核心起步区及科创产业引擎，周边的用地规划性质以产业用地（商务用地或工业用地）为主，其率先启动了成都科学城功能区建设。总部经济、龙头企业、央企分部先后入驻，在环兴隆湖公园 3 千米范围内，布局了航空航天、生物医药、人工智能、5G 通信等前沿产业，聚集 30 家中字国字企业、约 50 家研发机构、约 120 家新经济企业。其中不乏清华紫光、海康威视、京东数字城市、商汤科技、科大讯飞、诺基亚、英特尔等国内外知名企业，入驻企业总数超过 200 家。习近平总书记在 2016 年全国科技创新大会上强调，要以国家实验室建设为抓手，强化国家战略科技力量。近年来，清华四川能源互联网研究院、中国科学院成都分院、中国科学院大学成都学院、中移（成都）5G 联合创新产业研究院、中科曙光创新研究院、亚信网络信息技术研究院、电子科大天府数智谷、天府宇宙线研究中心、商汤科技等创新技术产业项目相继落户兴隆湖周边，拥湖沿河发展态势加快显现，以新一代人工智能产业引领发展的新的增长极正加速形成。

与此同时，诸多项目在积极建设中（见表 5-9）。基于"环湖而建，亲水而居"的营城理念，该区域内的规划用地面积约 1 006 亩（67.07 公顷），总建筑面积约 140 万平方米的"独角兽岛"，设计上依循韧性城市概念，地下空间留有智能停车库和智慧化垃圾处理系统等新技术建设空间，积极打造"初创企业—瞪羚企业—准独角兽企业—独角兽企业—超级独角兽企业"等不同发展阶段的新经济企业办公场所，并将同步引进企业所需的银行业存款类金融机构、银行业非存款类金融机构、证券业金融机构、保险业金融机构、交易及结算类金融机构与金融控股公司等。致力于建设"全国首家千亿级数字经济近零碳产业园区"，以其先进的理念和优质的配套政策已经发展为成都市"高精尖"产业的代名词。截至 2021 年年底，兴隆湖片区已经引进重大科技基础设施、交叉研究平台等"四类设施"39 个、重大项目 250 余个、总投资超 2 400 亿元；引聚新经济企业 5 000 余家、高新技术企业 656 家，年均增速达 119%；自主引育院士等高层次人才 457 名，成为成都创新资源密集、创新活动活跃、创新能力强劲的核心区域；成都超算中心、电磁驱动聚变大科学装置等加快落地，天府兴隆湖实验室、天府永兴实验室等高端实验室积极实施建设（见图5-18）。

表5-9　兴隆湖公园周边在建项目一览表

位置	在建项目
湖畔路北段	财富大厦、天府科创园配套项目、润扬兴隆湖五星级酒店、中建·滨湖设计总部及中建·华府锦城、中建西南新材料研发中心及配套工程、中核新能源科技研发中心
湖畔路东段	独角兽岛
湖畔路南段	中铁轨道研发中心（中铁诺德壹号住宅项目）、建筑设计科创总部、天府智能电网能源互联网研发中心、天府万科云城、中交西南研发中心、海天集团研发总部、天府国际金融产业研究院、中澳国际听力中心暨创新产业基地、红梁湾绿廊、天府科创园及配套项目

资料来源：作者根据公开资料整理。

图5-18　兴隆湖公园周边空间和设施建设实景
图片来源：作者自摄。

　　兴隆湖区域经济发展硬实力强劲、后劲十足，产业业态"腾笼换鸟"，共推科创产城势能，助力成都科学城高质量发展，为成都科学城坚决落实国家科技创新中心、成渝（兴隆湖）综合性科学中心、西部（成都）科学城、天府实验室重大战略部署，为成都加快打造带动全国高质量发展的重要增长极和新的动力源夯实底座，筑强支撑。

第三节　兴隆湖公园可持续分析

一、兴隆湖公园的可持续特征

通过上述研究的分析结果显示，天府新区兴隆湖公园在可持续发展上坚持生态性、体验性、多元性与地域性相结合的原则，实现了较高的综合效益，基本达到了规划初衷与设计目标。在充分结合场地的发展建设情况与公园城市发展弹性考量的基础上，分析了兴隆湖公园在环境、社会与经济三个方面的可持续特征。

在环境绩效上，兴隆湖公园的可持续特征主要表现在雨洪管理、净化水质、创造栖息地、净化空气以及缓解城市热岛效应上；在社会绩效上，兴隆湖公园的可持续特征主要表现在娱乐与社交价值、健康优质生活、教育价值、风景质量和交通上；在经济绩效上，兴隆湖公园的可持续特征主要表现在地价的提升以及带动周边经济上。

二、兴隆湖公园的可持续手法

景观可持续性是指特定景观所具有的、能够长期而稳定地提供景观服务、维护和改善本区域人类福祉的综合能力，具有跨学科、多维度特征，强调景观弹性和可再生能力。兴隆湖公园在水生态处理、雨洪管理和以湖集产带城三个方面的可持续规划设计手法，对天府新区乃至其他城市新区的公园绿地建设具有推广借鉴意义，从而更好地提升公园的景观效益。

（一）水生态处理设计手法

水资源具有循环性、有限性、不可替代性、时空分布不均匀性、经济上的利害两重性五种基本特性。成都天府新区投资集团有限公司主导的天府新区兴隆湖生态水环境综合治理项目，主要通过输水工程、水质改善工程和湖区生态工程对兴隆湖水环境进行综合治理。

其一，优化引水通道。先蓄后排，建立全鹿溪河流域的广域城市海绵体。为了在源头上确保兴隆湖湖区水质，在运行初期，即从东风干渠通过贾家坝支沟进行清理衬砌后，输水进入鹿溪河，作为湖区初期蓄水水源。在常态化运行时，以高品质的东风渠作为蓄水、补水水源，优化梳理了东风渠的引水通道。水网连通的滨水空间有构建城市生态基底的作用，而水网不连通的滨水空间往往易于形成死水区域，造成水质恶化、景观性差、水生生物死亡等问题。在引水过程中隔绝沿途干扰，利用天然排洪沟输水，保障灌渠工程安全和输水安全，防治灌渠水质污染，实现数字化监测系统。具体来看，从东风渠干渠输水到鹿溪河，工程设计输水能力33.7万立方米/天，设计过流能力4.0立方米/秒，输水渠全长5.55千米。同时，将可能会导致兴隆湖水质恶化、在汛期冲击其生态系统的鹿溪河等潜在因素进行弱化。统筹做好鹿溪河雨洪安全管理，遵循河道生境分布规律，构建生境网络、开展生境营造，将鹿溪河打造为丰枯皆宜的韧性河道、鱼鸟共生的生境河道。多措并举、分类施策，共同保证兴隆湖生态系统的动态稳定运行。

其二，全面改善水质。在兴隆湖北侧开泄洪河道实现河湖分离，并在兴隆湖北侧和东侧规划四个湿地满足鹿溪河防洪、排洪、蓄洪的功能，开挖泄洪道7.5千米，具体由鹿溪河上游节制闸、泄洪道、泄洪道下游控制闸、人工湿地和兴隆湖湖区副坝等工程内容组成。对于污染源治理上，因点源污染主要是湖区周边的污水排放，故通过沿湖修建截污干管，把整个湖区周边的污水通过截污干管输送到天府新区第一污水处理厂进行处理。针对湖面周边的面源污染，一方面遵循自然降雨规律和汇水规律，转变治水思路，按照系统治理原则，在主湖区保留并拓宽原老河道，形成"Y"形导流槽作为区间雨水排涝的快速通道。同时通过海绵城市配套的建设，将其汇入鹿溪河，同时利用湿地对进入河道的降水进行处理，另一方面利用湖边的绿带进行初步的截留后，再沿湖边的生态湿地进行处理。最终，提升改造后地面降水均进入到兴隆湖湖区作为补水。

其三，重塑生态系统。在水生态系统的构建上，通过地形重塑、强调上下游纵向空间维度的生态连通性，重塑水下生态，促进多功能的生态环境恢复。为了重新提升兴隆湖的水生态环境质量，景观设计团队在保证不低于原库容的情况下，充分尊重原始水下地貌，以湖底（原鹿溪河走廊）为基础，湖区生态工程总面积5 228.46亩（348.56公顷）。一方面，优化湖底地形呈"Y"形，主河槽由内向两侧逐渐变浅，使主河槽的水体流速高于两侧湖区，利于浅水区水生态系统的构建，实现极端暴雨环境下的快速控沙、畅流，稳定提升水质以及减少湖区淤积，有效实现了河湖水体的良性交换（陈宏宇等，2024）。同时形成11种水深梯度，营造浅滩深潭，提供生物多样性环境，种植58 980平方米泽泻、慈姑、芦苇、梭鱼草等滩涂植被。另一方面，湖区内重塑连通进出水口的深沟，营造汛期的快速排沙流场，进行了地形重塑为湖区草型湖泊生态系统及林水一体化构建奠定基础。采用了清水型水生态系统，形成以微生物消解藻类，沉水植物结合挺水植物吸附氮磷，底栖螺类生物以及鱼虾消化微生物的完整闭合生态链，放养沼蛙、泽蛙、中华鳖等水生生物，以营造多样化生态环境。同时，投放浮游动物5亿只，构建清水型浮游动物群落。同时，湖区深水区布设的是由高分子材料弹性填料与悬浮球填料组成的单株型微生物附着基，表面积比较大，可以吸附大量氮和磷，具有耐腐蚀、耐老化等特点。通过上述多措并举使得兴隆湖中的污染物不断被削减，水中营养盐的浓度不断下降，水体富营养化带来的发黄发臭现象基本得到控制，水体透明度不断提高。至此，兴隆湖在提升了湖水自净能力的同时，还实现了湖泊生态系统的良性循环，实现由原先的"藻型"浑水态湖泊到现在的"草型"清水态湖泊的转化，初步构成了科学稳定的湖泊生态系统（见图5-19）。

图5-19　兴隆湖公园水环境治理成果实景

图片来源：作者自摄。

（二）雨洪管理设计手法

2013年12月，习近平总书记在中央城镇化工作会议上指出，"解决城市缺水问题，必须顺应自然。比如，在提升城市排水系统时要优先考虑把有限的雨水留下来，优先考虑更多利用自然力量排水，建设自然积存、自然渗透、自然净化的'海绵城市'"。兴隆湖公园基于海绵城市构建了低影响开发雨水系统，主要包括：生态驳岸、雨水花园、透水铺装、植草沟等的运用。

其一，生态驳岸。园内多采用水草自然驳岸、草坡入水驳岸、块石亲水驳岸、自然山石驳岸、硬质亲水平台等方式，在保证驳岸结构稳定和满足生态平衡要求的基础上，兼具了观赏性和实用性。

其二，雨水花园（见图5-20）。兴隆湖内临湖局部区域设计雨水花园通过滞蓄、削减洪峰流量，减少雨水外排；利用植物截流、土壤渗滤净化雨水，减少污染；充分利用径流雨量涵养地下水，缓解水资源的短缺；经过合理的设计以及妥善地维护改善环境，为鸟类、蝴蝶等动物提供食物和栖息地，且达到良好的景观效果。

图 5-20 兴隆湖公园雨水花园设计

其三，透水铺装。透水铺装能够有效实现水资源的循环利用，改善生态环境与局部小气候。透水铺装路面一般由四个部分组成，即土基、基层、找平层与面层。在兴隆湖公园内，施工单位顺等高线设置游览路线，统筹安排各种管道交汇时的高程关系，以尽量保持雨水的自然径流。在材质的选择上，园内道路的面层采用透水露骨料（见图5-21），专业跑步道使用蓝色三元乙丙橡胶面层材料，临湖的慢行步道则使用深灰色透水露骨料面层材料，为市民日常健身及马拉松赛事等提供便利。广场采用透水铺装，颜色鲜明多样，有效控制地面雨水积水，减轻排水管网负担，如 EPDM 双向排水可塑路沿，通过道路一侧渗水盲管进行雨水收集，以及陶瓷透水砖等的运用。栈道采用户外竹材材质，颜色自然古朴，纹路质朴天然，气味清新怡人，在较长时期内尚未出现空洞、塌陷、断裂、破损与脱离等现象，具有良好的生物耐久性、耐候性和环保性。

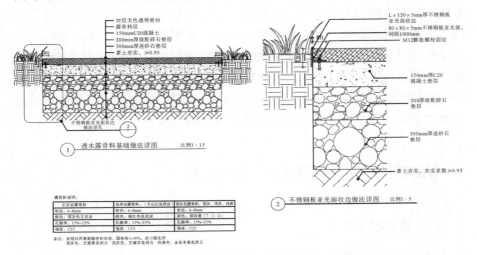

图 5-21　兴隆湖公园透水露骨料基层结构详图

图片来源：中国市政工程西南设计研究总院有限公司提供。

其四，植草沟。植草沟内有草皮等植被覆盖，具有收集、传输地表径流的作用。根据公园绿地坡度差异设置，坡度 i>10% 的绿地区域，采用阶梯式围挡，同时在围挡处种植灌木和小乔木；3%<i<10% 的绿地区域，采用阶梯形植草沟，使得各阶梯段的纵坡均小于等于 3%；在 2.5%<i<3% 的绿地区域，采用简易阶梯形植草沟，每隔 5~6 米布置砾石堆砌成阶梯状砾石墙，以减少水土流失和土壤侵蚀，具有保持水土、净化水质、涵养水源等多重功效。

其五，绿色建筑。兴隆湖公园的游客接待中心和公共卫生间均采用斜坡式的绿色屋顶收集雨水，外围被植被覆盖，上面铺设覆土层，能有效降低建筑温度，且使雨水顺应坡向流入与地面连接处的生物滞留区后就地入渗。

（三）以湖集产带城

兴隆湖公园作为成都科学城的核心区域，已经形成集科研、创新、孵化等于一体的高新技术产业聚集地，具体实践落实人、城、境、业高度融合的城市发展新模式，运用"先立境后营城"的"公园+"建设思路，贯彻"开放+生态"理念，将生态文明观与开放创新观融合，在周边构建了从基础科研、应用开发、双创服务到成果落地的完整创新链条，并辅助各类优惠政策，吸附了诸多新经济产业和"高精尖"人才。目前，兴隆湖毗邻地区已建成四川大学华西天府医院、天府华西牙科医院与成都英慈万达国际医院等医疗资源，天府新区第一小学、成都天府中学、天府新区十一学校和天府新区湖畔路中学等在内的教育配套设施日臻完善，一大批高净值、高消费、爱休闲、爱生活的新兴客群持续流入，在拉动板块消费实力的同时，重塑多元消费业态，创造更多市场机遇，成为展示公园城市示范区与"烟火成都"的重要窗口，带动了区域的发展繁荣。

第四节　兴隆湖公园更新优化策略

一、园区现状不足

习近平总书记指出，"要有强烈的问题意识，以重大问题为导向，抓住关键问题进一步研究思考，着力推动解决我国发展面临的一系列突出矛盾和问题"。问题就是消亡和解决、存在和发展的辩证统一过程，也是推动发展的现实动力。认识解决兴隆湖公园存在的共性矛盾与个性问题既需要系统观、全局观与长远观，久久为功方能善作善成，又不能畏首畏尾，把问题和矛盾留给后人，要抓铁有痕，踏石留印，发扬"钉子精神"，稳扎稳打向前迈进。基于上述景观绩效的评价和分析，不难看出当前兴隆湖公园仍存在一些建设规划上的不足与维护运行上的缺陷。

兴隆湖公园在环境效益上的不足主要有以下四点。

其一，水质不稳定，水体循环率较低。主要表现在暴雨时期受洪水影响导致湖区水质变差，同时因湖区禁止捕捞垂钓且部分访客频繁放生不明鱼种，加重了水体的承载压力，一定程度上破坏了湖水内的生态平衡。此外，夏季藻类植物生长迅速，积压湖中的空气，造成鱼类窒息死亡，亦将致使水质较差。

其二，兴隆湖—鹿溪河泄洪系统泄洪能力仍有不足。当地降雨以历时短、强度大、局地性强的单点式短时强降雨或暴雨为主，河道坡度平缓，地面出现沉降，雨水汇集停留较长，行洪速度整体偏慢，加之泥沙淤积现象凸显，普遍存在"顶托"影响，极大降低了兴隆湖的行洪能力。

其三，植物覆盖率及多样性不足，植物功能设置不鲜明。园区植物形态造型普遍较为简单，未能充分考虑植物的视觉功能、生态功能与经济价值，盲目引进与跟风引进现象时有发生，存在近似雷同现象，整体呈现出的动态感和层次感较弱。尤其是乡土植物开发利用仍有较大提升空间，通过乡土树种进行乡土文化、乡土情结、风俗风貌的复现和表达的意识和能力亟待提升，尚未全面形成乔灌草花合理搭配、季相色相有机协调的生态植物群落和独特风光。

其四，所用苗木规格混杂，植物检疫环节存在一定漏洞。苗木规格混杂将给绿化效果带来极大的负面影响，较高的苗木死亡率也将带来损害经济效益。当前国内外植物间交流的日益频繁一定程度上超越了当前的植物检疫水平，检疫人员意识淡薄、检疫设备配备不齐、检疫力量薄弱问题迟迟得不到根本解决，病虫害问题与物种入侵给公园绿地的高质量发展埋下了隐患。

在社会效益上的不足主要有以下五点。

其一，在娱乐与社交领域，兴隆湖公园作为诸多赛事的举办地，活动设施完备度不足，日常维护与检修较为缺失，设施器材类型较为单一，尤其是体育运动设施较少；在基础设施上，存在休息设施数量较少且类型单一、夜晚路灯亮度较低的现象，同时成都为亚热带季风气候，热量充足，雨量丰沛，雨热同期，但园内遮阳避雨设施较少；此外，园内标识系统仍不完善，在设计上不能完全反映兴隆湖公园的主题特色和文化特色，只发挥了其引导的表面功能，未能充分挖掘其内在功能，存在流于同质化、形式化和表面化的问题。导厕标识数量少且指示不明确，以及部分公共卫生间尚在施工却未能进行有效导引，以致如厕不便情况时有发生。

其二，在健康优质生活领域，兴隆湖公园周边配套服务设施不够完善，在周末和节假日游客压力较大时表现较为突出，存在车位紧张、人流拥堵，餐饮、特色消费等商业配套欠缺等问题。同时，兴隆湖不仅承担调蓄鹿溪河水利的防洪功能，而且所在地成都平原易受周边地震带影响，园区地势平坦宽阔，有大面积的活动场地，紧急灾害发生时，公园的运动场、广场和草坪可及时转换为物资存放地和受难者的避灾用地。目前园内应急避险空间划分较不明确，应急避难场所建设维护缺失，应急保障基础设施建设不足，防灾避险能力较弱，防灾演练效果不佳。

其三，在风景质量领域，受功能定位限制，兴隆湖公园周边多为城市建设用地，被四周产业功能区和住宅高楼"围园"的趋势日益明显。建筑物在园区外构成并限制了室外空间，空间围合在一定程度上影响视线，改变小气候、影响毗邻景观的功能结构，高大的建筑物加重了游览者视线的局限感，空间空隙的日益减少造成封闭感与日俱增。

其四，在使用公平领域，兴隆湖公园在规划设计建设及后期管理维护的全流程中，参与主题较为单一，以专业领域为主，普通公众的参与度不足。此外，无障碍环境建设尚不完善，尤其无障碍通道的不足影响了游人的分布，利用轮椅通行和推婴儿车游览的游人未能顺利到达公园每个活动区域，满足无障碍坡道坡度不大于1：12的科学要求难度较高。在标识等的设置上，通常是以文字或图形的形式向游客提供公园信息，内容不够简洁清晰，较少考虑视觉障碍者的需求，信息密度不合理、信息品质不够高、未能采用多种传播方式、与景观不够和谐统一等现象突出。

其五，在交通规划领域，兴隆湖公园周边公交基础设施建设与城市基础设施建设还不能很好匹配，公交班次较少且站点缺乏明确的标识引导，醒目、清晰的站点指示牌数量较少，公交运营保障能力明显不足。在游览动线规划上，亟须增强针对性与引导性，切实满足人流的疏散、防疫、消防安全等具体要求，同时还要考虑多元化使用者行为的特点，做到线形流畅，坡度和缓，宽度适宜，行走舒适，色彩明快。

在经济效益上的不足主要有以下四点。

其一，初步进入高质量发展阶段，不平衡不充分发展仍突出。兴隆湖板块已经步入钱纳里后工业化阶段与发达经济初级期，经济社会发展能够初步满足辖区人民日益增长的美好生活需要，但是，全区经济社会体系结构比例关系不合理、包容性不足、可持续性不够等问题依旧突出，发展潜力释放不足、发展中还有很多短板、发展水平特别是人均水平同国内外先进地区还有不小差距。

其二，区域综合承载能力强大，但产城一体水平仍较低。兴隆湖板块区内资源禀赋、生态环境、基础设施、公共服务等对经济社会发展的承载和支撑能力强大，人、城、境、业高度和谐统一的城市形态初步形成，凸显宜居宜业城市新魅力。但是，兴隆湖板块产城一体化水平偏低不仅导致了有城无产的"睡城"出现，而且导致了有产无城的"产业孤岛"形成。

产城一体化发展必须遵循人本导向、功能融合、结构适配、空间整合等新理念与城市发展一般规律，切实转变营城思路，自觉用新发展理念引领城市规划建设。

其三，存量要素潜能持续激发，但市场化配置体系失衡。当前，兴隆湖板块的土地、劳动力、资本、管理、数据等生产要素潜能持续激发，要素市场化改革在市场体系建设、要素参与分配、要素价格形成等方面取得了长足进步。但是，要素市场化改革远未完成，要素市场配置结构失衡问题日益显现，在产权保护、价格形成、行政和市场垄断、市场规则、营商环境等方面还存在重大制度短板。

其四，各项生态资源禀赋优渥，但科学系统规划仍滞后。兴隆湖板块生态资源分布较为分散，总规编制普遍滞后于控规编制，对区域发展的估计水平与研判能力亟待提升，重大项目的规划布局与开工建设仍存在"跟风冒进"与"重复建设"现象，顶层设计的科学性与系统性略有不足，治理体系和治理能力的现代化建设仍有较大发展空间。此外，各专项规划门类不全，区域间统筹发展研判较为缺失，重复建设、大建快上现象时有发生，专项规划总体控制情况较差，社会公众参与程度较低，距离新发展理念的要求仍有一定差距。

值得注意的是，针对兴隆湖公园建成后存在的问题与不足，天府新区于2020年8月启动兴隆湖水生态综合提升工程，在完善提升水生态的同时，充分结合市民、企业、游客的意见，着力丰富完善公共服务设施布局，设置更多新经济、新生活、新消费场景，及时查漏补缺、提升优化，提升兴隆湖整体体验，从侧面印证了本评价体系的科学性和适用性。建议未来可通过提升植被覆盖率，构建多样的湿地环境，进一步提升水质，完善湖区水生态系统，发展文创产业等进一步优化园区的服务水平。

二、优秀案例借鉴

根据《拉姆萨湿地保护公约》中对湿地的定义，湿地是指"不论是天然或者人工、长久或短期性的沼泽地、湿原、泥炭地或水域地带，拥有静止或流动或淡水、半咸水或咸水水体，包括低潮时不超过六米深的水域"。城市湿地公园通常具有涵养水源、净化空气、调节气候、陶冶身心、保护生物多样性、提供生态体验场所等基本功能。作者以伦敦湿地公园（London Wetland Park）对标兴隆湖公园，借鉴其优秀的可持续设计手法。

伦敦湿地公园位于伦敦市中心 5 千米处，泰晤士河畔，距离城市两条主干道 A205 和 A4 公路都不足 1.6 千米，共占地 42.5 公顷，1998 年开始规划建设。作为世界上第一个位于都市中心的湿地公园，自 2000 年 5 月建成至今，已接待数以百万计的游客，成为现今欧洲最大的城市人工湿地系统，是一个建造在繁华现代化大都市中心的湿地项目。与兴隆湖类似，其前身是伦敦泰晤士供水公司废弃的 4 个混凝土水库，通过针对水体和人流两方面的精心设计，经填埋土壤 40 万土石方之后，形成了湖泊、池塘、水塘以及沼泽等水体，在最大限度保护生态环境的同时，创造了丰富的游览体验和学习机会，被誉为"未来实际人类与自然和谐共处的理想蓝本"。其在水体布局、人流组织、活动区域、消费和绿地空间连接上的设计均有许多兴隆湖公园可借鉴之处。

在水体上，伦敦湿地公园按照物种栖息特点和水文特点，划定园区为 6 个相互独立有彼此联系的水域，其中包括 3 个开放水域——蓄水泻湖、主湖与保护性泻湖，以及一个芦苇沼泽地、一个季节性浸水草原区域和一个泥地区域，形成以主湖为中心，5 个水域和陆地错落分布的布局，构成了多种湿地地貌。建设方在每个水域之间均设有操作杆，可以根据不同季节精确控制水位，同时让每一个区域均具备相对独立性，成为水文学意义上的"孤立湿地"。此外，作为野生动物的"栖息天堂"，创造了约 40 个鸟类栖息地，每年有超过 170 种鸟类、300 种飞蛾及蝴蝶类前来此处。

在人流组织上，游客从正门进入伦敦湿地公园后，将以步行的方式进行游览体验，公园根据人群活动的密集程度，划分整个园区为若干个区域和点位，实现动静分区。观光小径曲折蜿蜒，移步换景，无形间逐渐分流，形成小股的人流降低对环境的干扰，自然地渗透到各个区域。

在活动区域上，伦敦湿地公园分设动静活动区。动区活动以儿童探索、活动交流、科普教育为主。包括结合湿地元素，针对不同年龄层次的儿童设计不同主题的游乐方式来传达湿地生态的讯息，通过多种游乐设施，满足不同年龄、不同类型、不同种族孩子的喜好，让其更好体验湿地乐趣、学习湿地动植物知识、结交更多朋友；不定期举办湿地观察或动植物认知等教育活动，并由公园员工或邀请当地专业人士进行导览；印刷四季指导性的野外观察公园导览手册；举办装置艺术展览，寻宝比赛等湿地主题活动等。静区活动以观光赏鸟为主，园内设置了 6 个隐蔽观察点和 1 个两层瞭望台，参观路线的水边多设置树篱或是树木枝条编织的多孔障碍物，人们在障碍物或者木屋观察室内近距离地亲近自然与动物。园区特定区域内，在不破坏环境的前提下，公园还会组织游客"下水"体验，让游客进行控制性的体验活动，用手去触摸感受湿地动植物，近距离了解和观察湿地生物。在整个游览路线上，公园布设有各种保护、科普的宣传板。可以看出，各种活动的组织均与湿地景观、动植物保护紧密联系。

在文创消费上，伦敦湿地公园积极开发了多款湿地相关的文创产品，并结合国内外重大事件与知名人物进行联名设计，如园内鸟类图案挂钩、园内鸟类鉴赏图册、园内动植物图案文具、卡通动植物图案圣诞贺卡、湿地益智拼图、儿童绘本等多样商品，在园内和网络礼品商店均可购买。

在绿地空间连接上，伦敦湿地公园向南串联了其他公园、绿地和开放空间，形成一条串联"湿地公园—公共开放空间—城市公园—森林公园"的城市绿色轴带，并穿插各种以活动、健康为主题的项目，形成了极具特色的城市功能片区，显著提升了周围社区的品质。

三、优化设计策略

为了提升兴隆湖公园的综合景观效益，应在设计规划、建设施工与维护管理的全生命周期内，贯彻落实创新、协调、绿色、开放、共享的新发展理念，将环境效益、社会效益与经济效益充分相融。

在环境层面上，需进一步加强园内的生态建设，一方面划定独立分区构建多样的湿地环境，加大监管力度，减少游客对环境的干扰。同时进一步提升水质，构建更为稳定的湖区水生态系统。另一方面提高植被覆盖率，协调阔叶树和针叶树比例、常绿树和落叶树比例、乔灌草比例，以及彩叶树和绿叶树比例，平衡资源配置。同时，持续推进鹿溪河综合整治提升工作，改善河道，从而有效降低鹿溪河下游汛期洪灾风险。

在社会层面，其一，丰富完善公共服务设施布局，增加休息设施和照明设施数量，创新服务设施类型，在建筑物、休息类构筑物中融入遮阳避雨功能。营造更多新文化、新生活、新活动场景。可根据不同区段的环境特点赋予其特色主题，优化游览路线，在保护栖息地的前提下紧密结合湿地景观设置多样化活动，创新教育模式，以丰富游客的观赏娱乐体验。根据兴隆湖公园使用人群需求进一步丰富全民健身的场地与方式，营造运动与康复场景，并引进运动指导、运动康复的消费业态，形成与其配套的消费场景，满足市民的健身、锻炼需求的同时，提升公园自我造血的功能。

其二，优化标识系统，包含在设计元素上可以融入兴隆湖公园特色符号和文化氛围，加深使用者对公园的认同感，加强标识的统一性，并增加公园避灾导视系统。当发生灾害时，避灾导视系统可对受难者进行及时的导向作用，帮助人们快速找到指定的避灾地点。加强标识指引系统设计的专业性，规范化与国际化，便于不同年龄和不同文化水平的群体理解与使用；践行"以人民为中心"的理念，考虑障碍人群的使用，如可适当放大文字或图像比例使老年人看得清楚，在文字（图像）旁边设置语音提示或者设置触摸式指示标识，以让视觉残障人士了解公园信息。

其三，同步防灾避险功能到兴隆湖公园中，与周边街区进行一体化规划建设，增设应急设施设备，宣传防灾避险知识。遇到突发事件时，兴隆湖公园能够实现从常态状态下休闲娱乐、健身的公园到应急状态下为公众提供疏散通道、避难场所、灾后恢复重建活动基地和滞留人员临时安置场所的转变，从而提升为平灾互换型公园，有利于增加公园绿地自身及城市韧性。

其四，优化景观层次，包括植物组团配置优化、水平面、林缘线和天际线形态优化、动静水景设置等，考虑到景观元素使用的有效性和参与性，调动使用者形、声、色、味、触五个方面的基本感官感受，增加互动体验设计，提升情感交流，进一步激发兴隆湖公园成为融亲近自然的互动景观、运动乐享的活力景观和宜人诗意的生态景观于一体的公共空间。

其五，打造兴隆湖公园为共建共享的普惠公园，多元包容的国际公园。构建"公园+社会团体+志愿者"的公园与社区文化共建机制，完善"专家团队+市民+设计师"的公园建设项目管理共治模式，引导市民融入公园并惠及共享成果。在方案设计过程中，设计师与公园管理者都需要让公众参与设计决策，发动社区居民、驻区单位等社会多元力量，拓展公众参与渠道，如搭建设计者与公众互动沟通平台，通过问卷、政府网络服务平台、微博、微信公众号或结合兴隆湖公园内的智慧系统平台等广泛征集公众意见，赋予他们对公园绿地乃至城市改造更新的话语权，使得设计师能够更直接地接收使用者对于公园愿景的同时，增加公众的参与感、归属感和责任感。

在经济层面上，一方面结合兴隆湖发展文创产业，激活园区发展的新动能，打造园区品牌，提升价值。深入剖析要素市场化改革的结构性矛盾和背后深层次的体制弊端，破除制约经济社会发展的制度性障碍，全面推动以要素市场化配置改革为重点的经济体制改革，为经济高质量发展和健全现代化经济体系奠定重要基础。另一方面通过处理好场地内生态景观环境与周边环境的和谐交融，从而更加完美地呈现出新时代公园城市的公园样板。"积力之所举，则无不胜也；众智之所为，则无不成也。"未来应积极把握成都市公园城市、生态绿城构建的城市发展规划新方向，着力打造城市中心城区内部的生态休养区，利用生态旅游资源优势，着力打造生态旅游的品牌效益，发展规划要积极贯彻"绿水青山就是金山银山"的理念，集中优势力量保护好生态资源，避免大修大建商业设施及住宅，打造城市生态保护和生态绿色开发的低碳甚至零碳发展模式。

第五节　本章小结

　　本章在对兴隆湖公园绿地在区位、相关规划与保护条例、场地变迁、地形、植被和功能定位精确分析的基础上，选取了 16 项因子 42 个指标对兴隆湖公园的环境、社会和生态绩效进行了评价，验证了评价指标在实现评价目标的具体表现。同时提取出兴隆湖公园的可持续特征和设计手法，针对其现状不足对标伦敦湿地公园提出了一系列的优化设计策略。

第六章 以公园城市理念指引公园绿地高质量发展

"雄关漫道真如铁,而今迈步从头越。"践行新发展理念,加快建设公园城市示范区,集中体现了"坚持系统观念"的壮美画卷,显著提升了经济和生态承载力,为高质量发展厚植创新土壤。立足第二个百年的伟大征途,以天府新区为范本构建公园绿地景观绩效评价体系,细致分析兴隆湖公园在环境绩效、社会绩效与经济绩效三个方面的具体表现,不仅将使得景观效应可量化、可视化、精细化,有利于为其他类似地区提供经验参考,而且在探索超大特大城市转型发展的历史图景上书写了浓墨重彩的一笔,对于促进市域发展格局重塑与整体优化具有历史意义与普遍价值。

第一节 公园绿地转型升级与景观绩效提升优化

环境就是民生,青山就是美丽,蓝天也是幸福。天府新区公园绿地的规划建设与发展评价,作为高举习近平生态文明思想伟大旗帜,积极践行公园城市理念,加快建设公园城市示范区的重要组成部分,功在当代,利在四方。综合天府新区公园绿地的建设背景、建设情况、空间布局、与山水的关系以及使用现状和需求,本书提炼总结出天府新区公园绿地在环境、社会、经济三大层面上的提升路径,以期在高质量发展中实现环境、社会与经济效益的共生、共存与共赢。

一、生态优先多维整合各类要素,绿色低碳促进生态价值转换

在环境层面上,习近平总书记在党的二十大的郑重宣示成为基本要求,"要推进美丽中国建设,坚持山水林田湖草沙一体化保护和系统治理,

统筹产业结构调整、污染治理、生态保护、应对气候变化，协同推进降碳、减污、扩绿、增长，推进生态优先、节约集约、绿色低碳发展"。

其一，着力厚植绿色生态本底、塑造公园城市优美形态。坚决贯彻"共抓大保护、不搞大开发"的基本原则，致力于山青水润、城园相融、和谐统一的建设目标，增强城市绿地系统规划的科学化、系统化与长远化，积极稳妥转变营城理念，回归城市山水格局本源，切实以公园城市理念引领城市高质量发展，统筹城市建设的现实诉求与长远目标，把握好规划建设运营的方式、节奏与力度，以高颜值"吸粉"、以高品质"圈粉"、以高曝光"固粉"，协调平衡城市更新与自然本底延续，适时构建多层级"自然山林—综合公园—专类公园—社区公园—游园"公园绿地系统。

其二，分类优化城市绿色形态，有效优化绿色公共空间。立足于妥善保护、优化利用、适度改造、重点营造的建设次序，充分结合各层级城市绿色空间，增建绿色基础设施，融汇生态理念因地制宜开展建设，丰富绿色交通廊道连接，促进全覆盖绿色网络建设，在最大程度上见缝插绿完善城市功能体系，分阶段量力而行、合理有序营造"生态型城市空间"，有效推动城市健康扩张与绿色转型，用全龄段、全时空、可游憩的设计手法为公园绿地提供多元共享的公共空间，不断满足人民群众对优美生态环境、优良生态产品、优质生态服务的需要。

其三，科学编辑城市建设规划，统筹绿色本底价值转化。坚持尊重自然、顺应自然、保护自然的建设要求，充分尊重既有城市自然资源的生命过程和生命系统的演化过程，充分挖掘和发挥地域性生态本底优势和风貌基因，调整有悖自然规律的人为秩序与空间形态，高度重视公园城市理念在高质量发展中的重要作用，充分挖掘景观要素在经济、社会、美学等方面的多元价值，促进"绿水青山"变现"金山银山"，加快实现生态文明建设与生态价值转化双弯道超车。

其四，完善城市内部空间布局，调整优化"三生"空间比例。高度重视公园绿地生态景观建设，分类施策，充分利用资源禀赋，合理融合地质地貌景观、水文地理景观、生物景观、气象气候景观、历史遗迹景观、建筑与设施景观、文化艺术景观与风土人情景观八大基本景观类型，细致区别非日常型景观与日常型景观，将软质景观与硬质景观系统集成，科学搭配，引入康养、休闲、婚庆、亲子、健身、花市、茶道、度假、探险等多元业态，打破"人造"生活与自然风物高度二分的公园体验，体现差异化发展，打造主体性生态景观特色。

其五，竭尽景观要素生态价值，有机联动经济社会领域。通过"生态+"策略创造保护恢复高品质栖息地、土壤与水体等生态要素，构建全方位生态景观链，积极引导公园绿地与人民群众的实际需求相契合，促进生态系统稳定、持续且良性循环，充分发挥公园绿地的生态系统服务功能，通过选育良种、调整株距、修剪枝条、维护管理，避免场地内部功能区块相互孤立存在，缺乏系统性与连续性，为人民群众提供便捷可达、舒适安全、健身游乐、生活交流、人文关怀的公园绿地环境。

其六，利用现代生态科技手段，加快造园技法改进提升。以生态观与可持续发展观为指引，致力于全流程、系统化、定量化、规范化的低碳公园建设。尤其在碳、能源与空气质量，材料与废物两个层面，明确在景观材料与植被的选择、养护管理阶段的植物修剪、施肥与园林废弃物处理，以及实际运营过程中的能源消耗等阶段施工标准，更多地着眼于碳中和视角下的"规范标准"而非设计创意，持续完善评价因子，加快拓展量化维度，着力丰富设计策略，引导公众构建自然、环保、节俭、健康的低碳生产生活方式。

其七，切实保障全链要素供给，加快塑造全域公园体系。立足当前，着眼长远，胸怀大局，全面贯彻落实"两山"理论，加强公园绿地用地保障，优化用地区域布局，将公园绿地营建维护与公园城市先行示范区建设的总体布局有机融合，科学合理配置土地利用年度计划，提高土地资源配置效率，大力开展低效用地再开发、盘活存量土地，加快建立符合景观高质量发展需求的用地标准；充分利用边角地、腾退地、废弃地、闲置地、裸露土地等，通过精细化拆迁建绿、拆墙透绿、破硬造绿、化废为绿等一系列升级改造措施，实现公园城市建设低成本、有效率、真管用。

其八，强化公园绿地管理评估，细化规划指示传导落实。充分考虑区域生态本底与原生景观特色，按年度将建设目标分解落实到具体部门，加强督促检查、中期考核和终期评估，对重大项目实施动态跟踪与绩效评估，推动公园绿地、景观要素、资源配置、要素更新、本底迭代等领域的标准制定，构建行政区域单元生态产品总值和特定地域单元生态产品价值评价体系，鼓励龙头企业主导或参与行业标准制定，加快形成与国际接轨的标准体系。强化公园绿地间生态网络共建和环境联防联治，严格保护跨行政区重要城市生态空间与景观要素，提升跨区域生态廊道衔接水平与畅通程度，加快生态环境监测网络一体化建设，提高城市生态产品价值实现机制、市场化生态补偿机制水平。

二、营造诗意栖居增进民生福祉，多元同频共振促进提质扩容

在社会层面上，习近平总书记在党的二十大的具体指示提供了基本遵循，"坚持人民城市人民建、人民城市为人民，提高城市规划、建设、治理水平，加快转变超大特大城市发展方式，实施城市更新行动，加强城市基础设施建设，打造宜居、韧性、智慧城市"。

其一，坚持党的全方位系统领导，实现城市生态弯道超车。天府新区虽然是公园城市理念首提地，公园城市建设虽然在国内起步早，发展快，但是和欧美发达国家的某些具体领域相比仍有一定的差距，应充分发挥在公园城市景观建设中所具有的后发优势，坚持党的领导与中国道路，加强党对公园城市景观高质量发展工作的组织领导，强化"党委领导、部门联动"协作机制，发挥基层党组织的战斗堡垒作用和基层党员的先锋模范作用，完善涉及公园城市相关领域各层级各部门的组织协调机制，加快形成权责明确、衔接顺畅、边界清晰、协作紧密的支撑体系，用心用情推动工作落地见效，避免重蹈西方国家资本利益至上走过的老路、弯路、错路，以习近平生态文明思想指引提升城市风貌整体性、空间立体性、平面协调性。

其二，准确把握城市发展定位，坚持绿色生态发展理念。在成都全面建设践行新发展理念的公园城市示范区，做优做强国家中心城市核心功能的时代潮头，面对天府新区公园城市建设如火如荼的现实情况，应坚决贯彻以人民为中心的发展思想，摒弃千园一面、供需脱节、要素堆砌、数量至上的惯性思维，弘扬巴蜀文化、红色文化、三国文化、熊猫文化、茶文化等厚重文化底蕴，采用多元功能叠加、重复空间利用、要素系统集成的新造园理念，充分利用种植环境、动植保护、健身设施、散步绿道、棋牌设施、专业球场、冥想空间、无障碍设施等多种表现形式，使公园绿地逐步成为融合多种活动的空间载体，构建更高水平人与自然生命共同体。

其三，加快塑造绿色生活方式，创造宜居美好生活。面向第二个百年的伟大征途，应高度重视公园绿地创新发展模式在生态文明建设工作中的重要地位，着重强化对公园城市景观绩效评价的理论研究与实践创新，重点对空间、植物、设施、文化等提升景观特色性、多元性、可达性的效果

开展研究，加快提升公园复合功能，确保目标任务精准化、工作进展形象化、整体工作可视化。同时，通过公园绿地高质量景观搭建起使用者与设计者的有机互动桥梁，让使用者与设计者的价值观念和实际诉求充分协调，提升使用者环境保护意识和责任感，形成各方自觉性的环境道德约束，加快在全社会树立积极的环境态度，构建全龄友好公园体系。

其四，健全公园城市长效机制，形成推动发展强大合力。以建成践行新发展理念的公园城市示范区为统领，厚植高品质宜居优势，提升国际国内高端要素运筹能力，动员各方充分参与，积极促进新发展理念、生态文明建设、成渝地区双城经济圈建设与公园城市理念互融互通，高位谋划推动顶层设计与具体工程协调发展。不断探索公园绿地生态价值转化的新模式新路径，实现公园形态与城市空间相生，生产生活生态空间相宜，自然经济社会人文相融，打好安居、康养、生态、休闲、美食等宜居牌，通过供给侧结构性改革实现公园绿地景观要素的供需均衡，形成时尚元素突出、风格典范鲜明、功能效应互补的高品质的特色公园，促进"人、城、境、业"良性互动、动态适配和融合发展。

其五，加强相关业态融合发展，多元要素助力提质扩容。在更大范围、更宽领域、更深程度树立公园城市建设"一盘棋"观念，建立健全政府主导、企业和社会各界参与、市场化运作、可持续的生态产品价值实现路径，加快实现居民诉求、城市规划、产业发展与公园城市建设的有机结合，将园林、城建、医疗、康养、餐饮、市政、交通等配套产业充分整合，坚决破除体制机制约束、地方保护主义与资源要素分割，建立统一透明、长期稳定的准入监管规则标准，不断推出新模式，打造新业态，营造新场景。

其六，尊重事物客观发展规律，避免急功冒进供需失衡。为了改善公园绿地在使用设计与管理运营方面的不足，依据不同地区发展水平差异和建设难度分阶段实施更新改造工作，增强人民群众对公园绿地的满意度与获得感，充分保证公园绿地差异化景观的极大丰富，确保"十四五"时期在人口密度大、分布广的地区加快布局类型多样、美观耐用、健康安全的公园绿地场景，在特定地区塑造天际线和观山观水景观视域廊道，增强城市生态的自我净化、自我调节和自我发展的能力，避免出现新的简单化、"一刀切"现象。

其七，强化公园城市普及宣传，推进景观绩效深入人心。相关部门会同高校、中小学、社会组织与公益组织全面开展公园城市理念的集中宣传，严格落实公园城市宣传责任制，进一步修订完善宣传普及责任清单。开展多样化主题活动，有计划、有组织、分专题、分阶段开展集中宣传工作，不同开展针对性政策和重大工程的宣讲解读，营造全社会关心、支持和参与公园城市建设的良好氛围，推动公园城市基本理念和典型案例宣传进公园、进社区、进校园、进单位、进企业、进商场。充分发挥广播、电视、报纸等传统媒体优势，灵活运用微信、微博、微视频等新媒体力量，建立健全政府与企业、市民的信息沟通和反馈机制，发挥新闻媒体和群众社团的桥梁和监督作用，使更多元的社会主体通过法定程序和渠道参与到规划实施和项目建设的监督中来。

其八，供需协同优化绿地布局，针对性设计提升满意度。宏微观层面齐头并进，即在空间布局上满足居民高度可达、方便舒适、使用公平等人性化需求，综合考虑城市的生态环境维度、空间建设维度和社会经济维度，将城市公园分级、分类、分片区进行布局，关注小型公共空间供给，创新规划方法与机制，关注特定群体需求，走向与需求挂钩的针对性规划；在内部环境设计和设施设置上丰富使用者的多元景观体验，以更加系统、全面的目光来审视城市公园和周边建成环境在社会服务供给方面的竞合关系，提高公园服务的供给效能，着眼于身心健康、游憩休闲等需求提升使用者总体满意度。

三、加快公园绿地与功能区融合，着力强化全产业链支撑建设

在经济层面上，习近平总书记在党的二十大的重要论述成为基本原则，"加快发展方式绿色转型，实施全面节约战略，发展绿色低碳经济，倡导绿色消费，推动形成绿色低碳的生产方式和生活方式"。

其一，经济效益生态效益双赢，重构公园绿地领域业态。经济效益、生态效益与社会效益共赢是公园绿地实现高质量可持续发展的关键，在社会主义初级阶段，面对不平衡不充分的发展现状，公园城市建设发展中必然不可偏废对经济效益的考量，应积极唤醒沉睡的生态资源资产，推动深度开发和有效增值，加快实现"追求人与自然和谐""追求绿色发展繁荣""追求热爱自然情怀"与"追求科学治理精神"相统一。同时，坚持把公园绿地相关产业作为公园城市领域最具优势、最富潜能、决胜未来的新兴产业、特色产业来培育，时刻紧盯科技变革、消费升级和宏观环境三大核

心驱动力，积极推动产业转型、发展循环经济、促进资源节约、实施节能减排，集成人才、技术、资金、政策等各类资源要素向产业集聚，为企业数字化转型提供全过程的服务，努力让公园绿地成为新发展阶段激活城市公共生活的重要触媒。

其二，扩大市场有效供给，全面开放景观市场。保障资源要素自由有序流动、市场经济体系高效运行，让市场在公园城市景观要素配置中起决定性作用，同时更好发挥政府作用，将有效市场与有为政府有机结合，加强顶层设计与规划引领，打破行业垄断、市场分割、进入壁垒与重复建设。建立高效规范、公平竞争、充分开放的公园城市景观要素全国统一大市场，加快营造市场化、法治化、国际化、高效便捷、"亲""清"新型的营商环境，培育生态经济、绿色经济、园林经济高质量发展的市场沃土，积极创设公园绿地更新与公园景观打造负面准入清单，打造生态产业化和产业生态化的生态经济模式，吸引多元化经济主体积极投身参与，实现全社会共建共治共享。

其三，强化全链要素保障，明确管理评估责任。始终坚持以人民为中心的发展理念，重点强化公园城市建设与景观营造的全产业链要素保障，推动城市变量向发展增量转化，尤其针对财政短板与用地紧张这两大"卡脖子"问题，加快成立相互协调推进机构，高配领导干部，研究制订具体实施方案和推进举措，盘活闲置资源，形成工作合力。加大财政支持力度，完善地方政府对相关业态的发展支持方式，缩小地区间公共服务水平与治理能力差异，丰富公共和个性公园城市景观的服务供给。

其四，加快打造培育市场主体，实施市场主体精准扶持。以"有为政府"推动行政有界有度、监管包容审慎、服务可感可得，打造稳定公平可及营商环境，深化要素市场化配置改革，充分激发各类市场主体活力，着力繁荣市场主体，市场准入全面实现"非禁即入"，更大范围探索行政确权、告知承诺等改革，最大程度减少行政审批，最大限度降低市场主体准入门槛，营造更加宽松便捷的市场准入环境，促进公园城市领域新型市场主体平稳增长。面对公园城市领域公益性与社会性强的基本态势，建立健全市场主体全生命周期服务体系，完善市场主体风险预警监管体系，开展帮扶专项行动，帮助中小微企业走出后疫情时代困境。

其五，质量红利迭代数量红利，重点突破代替稀释泛化。推动公园城市景观应充分发挥天府新区基础设施完善、生态本底坚实、政策支持有力、受众群体广泛的突出优势，持续提升公园城市领域"大市场"的社会化、法治化、智能化、专业化水平，完善公园绿地商业商办功能，重点扶持一批康复景观"顶天"龙头企业，充分重视"立地"中小企业在建链、聚链、补链、延链、扩链、强链的重要作用，构建"无事不扰""无处不在"监管服务体系，依法平等保护各类市场主体合法权益，用改革激发市场活力，用政策引导市场预期，用规划明确投资方向，用法治规范市场行为，打造立足西部、辐射全国的公园城市景观产业新高地。

其六，提升公园绿地带动效应，促进景观产业融合发展。在城市整体上，注重公园绿地与各功能区块的融合，将基础设施建设、园林景观升级与城市承载功能深度融合，"以点带面"促进周边经济发展。在公园个体上，注重资源节约，循环高效，打造个性化、体验化、智能化的消费场景，促进游客消费需求。加快提升公园城市景观产业体系适老化、智能化、数字化水平，着力发挥主导产业与配套产业的规模化、特色化与品牌化效应，持续开展"场景营城产品赋能"行动，推进生态产品供给方与需求方、资源方与投资方高效对接，引入市场主体发展生态产品精深加工、生态旅游开发、环境敏感型产业，探索用能权、用水权等权益交易机制，建立反映保护开发成本的价值核算方法、体现市场供需关系的价格形成机制，创新驱动相关产业发展。

其七，坚持供给侧与需求侧并重，理顺加法减法辩证关系。既要重点支持顺应公园城市理念的新技术、新业态、新模式与新项目，持续优化使用股权投资、融资增信、贷款贴息、项目补助和政策奖励等多种方式，积极开拓投融资渠道，创新研发融资产品，切实保障能够采用市场化方式投融资，缓解公园城市建设领域的"融资难、融资贵、门槛高"问题，及时公开各类信息，强化市场风险防范，放大公园绿地景观建设的溢出效应、引流效应、学习效应与集聚效应，实现质的有效提升与量的有效增长。也要切实减少行业领域的低端供给与无效供给，过剩产能与陈旧思维加速出清，增强供给结构对需求变化的适应性和灵活性，为公园绿地高质量发展预留足够空间。

其八，打造"专精高特"人才队伍，积极培育提升高新技术。完善人才引进、培养、评价、激励、发展、服务保障机制，推动建成素质优良、数量充足、结构合理、类型完善的公园城市人才队伍。坚持"请进来"和"走出去"结合，搭建公园城市景观绩效领域决策咨询专家库，共同规范专家管理机制，推进异地专家交叉评审，实现专家库资源共用、管理同步、技术互助、交流合作。此外，从当前科学技术发展趋势来看，应注重发展以 5G 为支撑的物联网技术、以量子计算为基础的云计算和大数据分析技术、以人工智能和虚拟现实为代表的融合技术，加速应用区块链、人脸识别、语音交互、OCR 自动识别等技术，提高公园绿地发展效率、降低公园绿地发展成本、提升景观要素发展质量、确保景观绩效科学可控。

综上所述，对于天府新区的公园绿地而言，未来应在新发展理念的指引下进一步优化公园绿地布局，始终坚持人民至上、坚持自信自立、坚持守正创新、坚持问题导向、坚持系统观念、坚持胸怀天下。应以精准精细、共建共享、智慧智能、安全韧性为方向，完善公园绿地类型，提升生态服务和游憩体验质量，塑造全龄化生活场景、品质化服务场景、人文化社区场景、韧性化治理场景，丰富设施建设和活动场地，挖掘区域文化特质，打造多类型公园综合体，突出公园绿地为新经济赋能、为生活添彩、为消费拓空间，加快实现多元共建、社会共治、全民共享、和谐共生，真正做到崇尚创新、注重协调、倡导绿色、厚植开放、推进共享。

第二节　后续研究展望

习近平总书记指出，"我们党始终强调，中国特色社会主义，既坚持了科学社会主义基本原则，又根据时代条件赋予其鲜明的中国特色"。公园城市作为中国特色社会主义道路的重要组成部分，其发展历程必然坚持以马克思主义为指导，遵循马克思主义的立场、观点和方法，充分汲取中华优秀传统文化，反思超越西方优秀理论成果。

一、研究的局限性

天府新区公园绿地涉及范围较大，类型多样，生态环境类型复杂，不同公园区域呈现出迥然不同的要素与特色。加之公园绿地规划建设时间跨度长、涉及部门多、覆盖群体广，并且受作者研究精力、研究视角、占有资料和写作篇幅等的限制，本书还存在有待进一步研究的问题，尚存在一些不足之处，主要体现为以下五点。

其一，因天府新区公园绿地的实际情况复杂程度远超预期，发展异质性较大，使得部分公园的实际情况未能调查完全，对于游园的相关数据资料较为欠缺。同时，以往研究对于天府新区公园绿地的研究以定性分析为主，定量研究较为缺乏，可借鉴的成熟方法较为匮乏。

其二，天府新区公园绿地景观绩效评价体系中的部分指标的适用性仍有待进一步剖析和检验，上文的相关研究仍缺乏针对不同类型的公园绿地的景观绩效评价实践。

其三，因部分数据获取较为困难，故只针对兴隆湖公园明确的功能定位进行了相应指标选取，对于效益的考量不够全面。同时，本书在 2020 年 7 月份调研结束后，2020 年 8 月兴隆湖公园再次进行水生态综合治理提升工程，由于精力和时间限制，未能对其综合治理后的环境、社会与经济效益进行更为细致全面的评价，与时俱进的动态更新有所欠缺，未来将会进行治理前后的景观效益对比与深度研究。

其四，本书中的部分数据来源于兴隆湖公园设计方提供的图纸资料，但因施工方在建设过程中与图纸存在适应性调整，因此作者虽然已经结合遥感影像和后期调研对图纸和数据进行了详细比对和矫正，但仍无法避免会有少量误差。

其五，在指标的量化上，研究所用的部分软件如国家树木效益计算器属于美国的本土软件，部分种类存在差异，选取与该树种同种或相近的树种进行计算，会造成一定的误差。此外，对于社会绩效的量化还存在一定的主观性，尤其是当面发放、当面收回的情况，也会导致一些结果出现偏差。

对以上问题，作者将在未来拓展更加契合实际的景观绩效评价体系，以更加饱满的热情开展更为深入地研究。

二、研究未来展望

随着公园城市建设的不断推进，公园绿地建设作为其中的重要一环，通过景观绩效评价助推规划设计过程，将有效提供更加科学可靠的环境、社会、经济依据，建设以绿色为底色、以山水为景观、以绿道为脉络、以人文为特质、以街区为基础的美丽宜居公园城市。作者未来主要将从以下三个方面对这一问题的研究进行拓展。

其一，不断拓宽公园城市理念下天府新区景观绩效评价体系覆盖的广度，针对天府新区公园绿地景观绩效评价体系中的部分指标及应用有待进一步剖析和改进，积极融入经济学、社会学、管理学、文化学与历史学等多学科体系，并明确各指标的量化方法和结果数值区间。

其二，积极探寻公园城市理念下天府新区景观绩效指标数据涉及的深度，在此框架体系的基础上，深化提炼出天府新区各类公园的评价指标体系，针对差异化的公园绿地类型进行景观绩效的评价，从而进一步检验指标体系在天府新区的适应性。

其三，持续提升公园城市理念下天府新区景观绩效建构逻辑内在的温度，随着新区公园绿地的不断建设，其功能、类型、建设目标等也会进一步完善，切实提升评价体系的适应力与解释力，现仅提出认知范围内的见解，希望未来能进一步拓展完善。

参考文献

"公园城市"理念考源 [EB/OL]. 中国风景园林学会, http://www.chsla.org.cn/Column/Detail? id=4943631942407168&_MID=1500016.

《成都建设践行新发展理念的公园城市示范区行动计划（2021—2025年）》新闻发布会发布词 [EB/OL]. 中国新闻网, http://www.sc.chinanews.com.cn/cf zl/2022-05-18/5494.html.

蔡文婷, 王钰, 陈艳, 等, 2021. 团体标准《公园城市评价标准》的编制思考 [J]. 中国园林, 37 (8): 29-33.

曹玮, 胡立辉, 王晓春, 2017. 可持续场地评估体系在美国大学校园景观中的应用与启示 [J]. 中国园林, 33 (11): 64-69.

陈宏宇, 宋宁宁, 贺思颖, 等, 2024. 公园城市生态价值转化的设计实践——成都兴隆湖湿地公园 [J]. 风景园林, 31 (03): 65-69.

陈明坤, 张清彦, 朱梅安, 等, 2021. 成都公园城市三年创新探索与风景园林重点实践 [J]. 中国园林, 37 (08): 18-23.

成都市公园城市建设领导小组, 2019. 公园城市——城市建设新模式的理论探索 [M]. 成都: 四川人民出版社.

成实, 成玉宁, 2018. 从园林城市到公园城市设计——城市生态与形态辨证 [J]. 中国园林, 34 (12): 41-45.

成渝地区双城经济圈建设规划纲要 [EB/OL]. 国家发展和改革委员会, https://iam-sso.ndrc.gov.cn/gbsso/.

承均, 2005. LEED~（TM）中水体综合保护的策略——美国景观规划设计中的可持续发展思维 [J]. 江苏城市规划 (2): 13-16.

D·柯克·汉密尔顿, 戴维·H·沃特金斯, 2017. 循证设计: 各类建筑之"基于证据的设计" [M]. 北京: 中国建筑工业出版社.

戴代新, 2014. 场地可持续性设计行动计划 SITES 引介 [J]. 华中建筑, 32 (12): 12-17.

戴代新，陈语娴，曹畅，任晓崧，2018. 以高绩效为目标的校园景观设计方法与实践——同济大学嘉定体育中心景观设计研究［J］. 风景园林，25（10）：92-97.

戴代新，李明翰，2015. 美国景观绩效评价研究进展［J］. 风景园林（1）：25-31.

邓小平，1993. 邓小平文选（第2卷）［M］. 北京：人民出版社.

邓小平，2004. 邓小平年谱（1975—1997）（上、下）［M］. 北京：中央文献出版社.

翟龙君，2013. 基于LEED体系景观设计研究［D］. 安徽农业大学.

杜受祜，杜珩，2022. 公园城市：山水人城和谐共生［J］. 社会科学研究（5）：130-134.

放入5亿浮游生物养"活"成都最大人工湖［EB/OL］. 成都商报，https://e. chengdu. cn/html/2014 - 05/22/content _ 470637. htm？spm ＝ C735448942 12. P99790479609. 0. 0.

福斯特·恩杜比斯，希瑟·惠伊洛，芭芭拉·多伊奇，等，2015. 景观绩效：过去、现状及未来［J］. 风景园林（1）：40-51

高梦薇，陈超群，李永华，等，2021. 公园城市理念下城市景观风貌立法探究——基于国内外景观风貌立法的对比性研究［J］. 上海城市规划，（04）：99-103.

公园城市迈向每一个人的"诗与远方"［EB/OL］. 中新网，https://www.chinanews.com.cn/sh/2020/10-25/9321840. shtml.

公园城市示范区：成都"新发展理念的城市表达"［EB/OL］. 中国经济导报，http://www. ceh. com. cn/epaper/uniflows/html/2022/04/14/05/05_50. htm.

公园城市示范区是承载新发展理念的城市表达［EB/OL］. 光明网，https://theory.gmw.cn/2020-05/06/content_33806259. htm.

龚剑波，游祖勇，2021. SITES在美国植物园景观设计实践中的应用与启示［J］. 建材技术与应用（05）：35-39.

关于《成都市城市总体规划（2016—2035年）（送审稿）》的决议［EB/OL］. 成都市人民政府，http://www. chengdu. gov. cn/chengdu/home/2018/03/03/content _b91c26d496164b0c92fca4150574a2a5. shtml.

国家发展改革委关于培育发展现代化都市圈的指导意见［EB/OL］. 中

国政府网，http://www.gov.cn/xinwen/2019-02/21/content_5367465.htm.

国家质量技术监督局，2006. GB/T50280-98 城市规划基本术语标准 [M]. 北京：中国建筑工业出版社.

国务院关于同意成都建设践行新发展理念的公园城市示范区的批复 [EB/OL]. 中国政府网，http://www.gov.cn/zhengce/zhengceku/2022-02/10/content_5672903.htm.

韩正在成都调研 [EB/OL]. 中国政府网，http://www.gov.cn/guowuyuan/2018-10/10/content_5329261.htm.

侯潇，汪海，关二赛，等，2022. 天府新区生态湿地建设理念与实践——以兴隆湖湿地公园为例 [J]. 资源与人居环境（2）：49-53.

胡昂，戴维维，郭仲薇，等，2021. 城市生活型街道空间视觉品质的大规模测度 [J]. 华侨大学学报（自然科学版），42（4）：483-493.

胡昂，郭仲薇，等，2020. 基于差异层级大数据的地铁站域街道空间品质多维评价——以成都市中心城区为例 [J]. 西安建筑科技大学学报（自然科学版），52（5）：740-751.

胡昂，郭仲薇，等，2020. 基于性别差异的女性行为活动对私家园林营造设计的影响研究 [J]. 南华大学学报（社会科学版），21（5）：111-118.

胡昂，郭仲薇，牛韶斐，等，2020. 基于多源大数据的轨道交通站域街道品质多维评价分析——以成都市三环内地铁站域街道为例 [J]. 河北科技大学学报，41（5）：442-454.

环保总局升格为环境保护部对推进环保工作具有深远意义 [EB/OL]. 中国政府网，http://www.gov.cn/govweb/zxft/ft108/content_958823.htm.

加快建设青年发展型城市全力打造充满青春活力的公园城市示范区 [EB/OL]. 中国共产党新闻网，http://cpc.people.com.cn/n1/2022/0726/c444418-32485698.html.

贾培义，郭湧，2014. 美国可持续场地评估体系 SITES V2 版与 V1 版对比分析研究 [J]. 动感（生态城市与绿色建筑）（4）：66-71.

江泽民，2006. 江泽民文选（第 2 卷）[M]. 北京：人民出版社.

克里斯托弗·D·埃利斯，权炳淑，莎拉·阿尔瓦德，等. 景观绩效多功能景观的度量和评估 [J]. 风景园林，2015，（01）：32-39.

李克强寄望成都科学城：做新经济核心区，新动能拓展区 [EB/OL]. 新华网，http://www.xinhuanet.com/politics/2016-04/25/c_

1118728917. htm.

李灵军, 季晋晶, 2022. 我国城市公园评价研究历程与趋势探究——基于近十年国内文献综述 [J]. 华中建筑, 40 (1): 27-31.

李明翰, 布鲁斯·德沃夏克, 罗毅, 马特·鲍姆加登, 等, 2013. 景观绩效: 湿地治理系统和自然化景观的量化效益与经验总结 [J]. 景观设计学, 1 (4): 56-68.

李王鸣, 刘吉平, 2011. 精明、健康、绿色的可持续住区规划愿景——美国 LEED-ND 评价体系研究 [J]. 国际城市规划, 26 (5): 66-70.

梁本凡, 2018. 建设美丽公园城市 推进天府生态文明 [J]. 先锋 (4): 12-17.

瞭望·治国理政纪事丨公园城市成都焕新 [EB/OL]. 新华网, http://www.xin huanet.com/politics/2022-04/26/c_1128595912. htm.

林广思, 黄子芊, 杨阳, 2020. 景观绩效研究中的案例研究法 [J]. 南方建筑 (3): 1-5.

刘滨谊, 2018. 公园城市研究与建设方法论 [J]. 中国园林, 34 (10): 10-15.

刘滨谊, 陈威, 刘珂秀, 等, 2021. 公园城市评价体系构建及实践验证 [J]. 中国园林, 37 (8): 6-13.

刘滨谊, 张国忠, 2005. 近十年中国城市绿地系统研究进展 [J]. 中国园林 (6): 25-28.

刘佳驹, 王志勇, 王春连, 等, 2022. 基于水生态系统服务的水景观综合绩效评价框架 [J]. 北京大学学报 (自然科学版), 58 (5): 909-915.

刘任远, 张瑛, 胡斌, 2019. 公园城市: 城市建设新模式的理论探索 [M]. 成都: 四川人民出版社.

刘喆, 欧小杨, 郑曦, 2020. 基于循证导向的景观绩效评价体系、在线平台的构建与实证研究 [J]. 南方建筑 (3): 12-18.

罗毅, 李明翰, 段诗乐, 等, 2015. 已建成项目的景观绩效: 美国风景园林基金会公布的指标及方法对比 [J]. 风景园林 (1): 52-69.

马克思, 2000. 1844 年经济学哲学手稿 [M]. 北京: 人民出版社.

马克思, 恩格斯, 2009. 马克思恩格斯文集 (第 1、2、3、4、5、6、7 卷) [M]. 北京: 人民出版社, 2009.

马克思, 恩格斯, 2012. 马克思恩格斯选集 (第 1、2、4 卷) [M].

北京：人民出版社.

马子豪，2020. 公园城市生态景观建设的评价指标体系构建研究［C］. 中国风景园林学会 2020 年会论文集（上册）：98-102.

毛泽东，1988. 毛泽东著作选读（下）［M］. 北京：人民出版社.

毛泽东，1991. 毛泽东选集（第1、2卷）［M］. 北京：人民出版社.

毛泽东，2003. 毛泽东著作专题摘编［M］. 北京：中央文献出版社.

你好，不一样的兴隆湖［EB/OL］. 网易，https://www.163.com/dy/article/GN7 Q9AB50514R9MQ.html.

牛韶斐，2018. 基于绿色 TOD 理念的轨道交通站域建成环境研究［D］. 西南交通大学.

彭清华在成都市调研时强调 当好"试验田"走出新路子 高质量建设践行新发展理念的公园城市示范区［EB/OL］. 四川省人民政府，https://www.sc.gov.cn/10462/14721/14725/14746/2020/4/8/4593a1d7aa0840e8884ffda9d0a699aa.shtml.

平层 or 叠拼？兴隆湖的第三种选择［EB/OL］. 百度网，https://baijiahao.baidu.com/s? id=1740741197185235521&wfr=spider&for=pc.

青海国家公园建设研究课题组，2018. 青海国家公园建设研究［M］. 成都：四川大学出版社.

深入学习贯彻习近平生态文明思想 努力开创新时代美丽中国建设新局面［EB/OL］. 求是网，http://www.qstheory.cn/dukan/qs/2022-08/16/c_1128913683.htm.

沈洁，龙若愚，陈静，2017. 基于景观绩效系列（LPS）的中美雨水管理绩效评价比较研究［J］. 风景园林（12）：107-116.

石楠，王波，曲长虹，等，2022. 公园城市指数总体架构研究［J］. 城市规划，46（07）：7-11+45.

史云贵，刘晴，2019. 公园城市：内涵、逻辑与绿色治理路径［J］. 中国人民大学学报，33（5）：48-56.

束晨阳，2021. 以公园城市理念推进城市园林绿地建设［J］. 中国园林，37（S1）：6.

水润民生 习近平这样诠释治水之道［EB/OL］. 国际在线，https://news.cri.cn/ special/ee1fdd32-4dec-476e-b810-2e3589613f20.html.

四川天府新区：公园城市，未来之城［EB/OL］. 四川天府新区管委会，http://www. cdtf. gov. cn/cdtfxq/meiti/2022 - 03/09/content _ c82e5b491577497aa2 1421bb4b6bc951. shtml.

四川天府新区：系统集成改革铸就"新时代公园城市典范" ［EB/OL］. 中国改革报，http://www. cfgw. net. cn/epaper/content/202205/27/content_49677. ht

宋明川，2020. 新区建设起步干道的主要问题确定——以天府新区中央公园周边路网项目为例 ［J］. 智能城市，6（24）：1-3.

塑造公园城市优美形态，成都将从这六个方面入手 ［EB/OL］. 红星新闻，https://baijiahao. baidu. com/s? id = 1727437814429216518&wfr = spider&for = pc.

孙楠，罗毅，李明翰，2013. 在 LAF 的"景观绩效系列（LPS）"计划指导下进行建成项目景观绩效的量化——以北京奥林匹克森林公园和唐山南湖生态城中央公园为例 ［A］. //中国风景园林学会. 中国风景园林学会 2013 年会论文集（上册） ［C］. 中国风景园林学会：中国风景园林学会，6.

孙楠，孙国瑜，2019. 风景园林可持续性评估指标体系比较分析研究 ［J］. 园林（7）：14-19.

孙喆，孙思玮，李晨辰，2021. 公园城市的探索：内涵、理念与发展路径 ［J］. 中国园林，37（8）：14-17.

塔纳尔·R·奥兹迪尔. 城市景观的社会价值：美国得克萨斯州两个典型项目的绩效研究 ［J］. 景观设计学，2016，4（02）：12-29.

谭林，刘姝悦，陈春华，等，2022. 公园城市生态价值转化内涵与模式分析 ［J］. 生态经济，38（10）：96-101.

天府新区，奋力打造山水人城和谐相融的公园城市 ［EB/OL］. 四川天府新区管委会，http://www.cdtf.gov.cn/cdtfxq/meiti/2022-004/26/content_9931acef4c244059b16c79cea3039614. shtml.

天府新区发布一本白皮书和一项指标体系 ［EB/OL］. 人民日报社，http://sc.r msznet. com/video/d248290. html.

统筹推进天府新区绿色低碳高质量发展 ［EB/OL］. 四川天府新区管委会，http://cdtf. gov. cn/cdtfxq/meiti/2022 - 02/21/content _ 29949032ccad42ada57473196a6c2cc5. shtml.

王彬，2021. "公园城市"视角下特大城市郊区城乡绿地系统规划思考——以上海市青浦区为例 ［J］. 上海城市管理，30（1）：71-78.

王佳，王思思，车伍，2013. 从 LEED-ND 绿色社区评价体系谈低影响开发在场地规划设计中的应用 ［C］国际绿色建筑与建筑节能大会.

王韬，2007. 漫游随录 ［M］. 北京：社会科学文献出版社.

王香春，王瑞琦，蔡文婷，2020. 公园城市建设探讨 ［J］. 城市发展研究，27（09）：19-24.

王晓晖在成都市调研时强调：加快建设践行新发展理念的公园城市示范区，为全面建设社会主义现代化四川贡献更多成都力量 ［EB/OL］. 川观新闻，https://cbgc.scol.com.cn/news/3486088.

王晓晖在中国共产党四川省第十二次代表大会上的报告 ［EB/OL］. 四川省人民政府网站，https://www.sc.gov.cn/10462/10464/10797/2022/6/2/603464fbdd fb4d44ae7820a5f8c69fdc.shtml.

王馨璞，2017. 基于 LEED 的小尺度生态景观设计方法研究 ［D］. 东南大学.

王阳，刘琳，李知然，2023. 德国"欧洲绿色之都"汉堡市营建经验及其对我国公园城市规划的启示 ［J］. 国际城市规划，38（06）：113-123.

王忠杰，吴岩，景泽宇，2021. 公园化城，场景营城——"公园城市"建设模式的新思考 ［J］. 中国园林，37（S1）：7-11.

温家宝总理在第六次全国环境保护大会上的讲话 ［EB/OL］. 中国政府网，http://www.gov.cn/ldhd/2006-04/23/content_261716_2.htm.

吴承照，吴志强，张尚武，等，2019. 公园城市的公园形态类型与规划特征 ［J］. 城乡规划（1）：47-54

吴媚，2018. 运用 Place-keeping 评价评估理论体系对湿地进行评估——以成都市鹿溪河生态湿地公园为例 ［J］. 农村实用技术（11）：61-62.

吴岩，王忠杰，2018. 公园城市理念内涵及天府新区规划建设建议 ［J］. 先锋（4）：27-29.

吴岩，王忠杰，束晨阳，等，2018. "公园城市"的理念内涵和实践路径研究 ［J］. 中国园林，34（10）：30-33.

吴忠军，曹宏丽，侯玉霞，2019. 景观旅游绩效评价指标体系研究 ［J］. 桂林理工大学学报，39（1）：225-232.

习近平，2014. 习近平谈治国理政（一卷）［M］. 北京：外文出版社.

习近平，2016. 习近平总书记系列重要讲话读本 ［M］. 北京：人民出版社.

习近平, 2019. 关于坚持和发展中国特色社会主义的几个问题 [J]. 求是 (7).

习近平, 2021. 论把握新发展阶段、贯彻新发展理念、构建新发展格局 [M]. 北京: 中央文献出版社.

习近平: 避免使城市变成一块密不透气的"水泥板" [EB/OL]. 中青在线, http://theory.cyol.com/content/2018-02/27/content_16975243.htm.

习近平: 我去四川调研时, 看到天府新区生态环境很好 [EB/OL]. 四川省人民政府, http://www.sc.gov.cn/10462/10464/10797/2018/6/19/10453353.shtml.

习近平春节前夕赴四川看望慰问各族干部群众 [EB/OL]. 光明网, https://m.gmw.cn/2018-02/14/27698306.html#verision=b92173f0.

习近平在《湿地公约》第十四届缔约方大会开幕式上发表致辞 [EB/OL]. 新华网, http://www.xinhuanet.com/mrdx/2022 - 11/06/c _ 1310673677.htm.

习近平在联合国生物多样性峰会上发表重要讲话 [EB/OL]. 中央电视台, http://tv.cctv.com/2020/10/01/VIDEZuNaivphyOoNi6BJmHhm2010 01.shtml.

习近平年度"金句"之二: 让城市留住记忆, 让人们记住乡愁 [EB/OL]. 新华网, http://www.xinhuanet.com/politics/xxjxs/2019 - 12/24/c _ 1125380463.htm? ivk_sa=1023197a.

肖洪未, 2021. 基于循证设计的历史村镇保护设计影响评估方法研究——以重庆同兴老街为例 [J]. 华中建筑, 39 (11): 134-140.

新型城镇化是中国式现代化的必然选择 (学术圆桌) [EB/OL]. 人民网, http://paper.people.com.cn/rmrb/html/2022-10/10/nw.D110000renmrb_ 2022101 0_3-17.htm.

徐建平, 2013. 近代西方环境保护思想的传入 [C]//中外关系史论丛第 21 辑——历史上中外文化的和谐与共生: 中国中外关系史学会 2013 年学术研讨会论文集, 262-273.

徐亚如, 戴菲, 殷利华, 2019. 基于美国景观绩效平台 (LPS) 的生态绩效研究——以武汉园博园为例 [A]. 中国风景园林学会. 中国风景园林学会 2019 年会论文集 (上册) [C]. 中国风景园林学会: 中国风景园林学会, 5.

雪山下的公园城市：新时代生态文明建设之路 ［EB/OL］. 中国网, http://sc.ch ina.com.cn/2022/toutu_0919/464666. html.

要牢记习近平总书记嘱托, 全力推进公园城市建设 ［EB/OL］. 人民网, http://sc.people.com.cn/GB/n2/2021/1228/c345167-35070339. html.

叶洁楠, 章烨, 王浩, 2021. 新时期人本视角下公园城市建设发展新模式探讨 ［J］. 中国园林, 37（08）: 24-28.

以公园城市理念指导兴隆湖高质量发展 ［EB/OL］. 川观新闻, https://cbgc.scol.com.cn/news/2476709.

以空间造"园": 公园城市"首提地"——天府新区兴隆湖双心联动, 设计方案征集启动! ［EB/OL］. 澎湃新闻, https://www.thepaper.cn/news-Detail_ forward_9306567.

鱼小辉, 2013. 中西方环境保护思想探源 ［J］. 运城学院学报, 31（1）: 59-61.

岳小洋, 邹寒, 孙桦, 2019. SITES可持续场地评估体系对海绵城市建设的启发 ［J］. 绿色建筑, 11（2）: 16-19.

在兴隆湖畔, 看见公园城市的模样 ［EB/OL］. 新浪网, https://cj.si-na.com.cn/ articles/view/6105713761/16bedcc61020013tg7.

张浩, 伍蕾, 2017. 美国景观可持续场地评价体系的探究与启示 ［J］. 合肥工业大学学报（社会科学版）, 31（2）: 107-112.

赵纯燕, 于光宇, 黄思涵, 等, 2021. 高密度环境下的公园城市空间体系研究——以新加坡和我国深圳为例 ［A］//面向高质量发展的空间治理——2021中国城市规划年会论文集（04城市规划历史与理论）［C］. 成都, 2021: 14.

赵洋, 2014. 绿色建筑体系下的景观设计 ［J］. 大众文艺（24）: 67.

郑宇, 李玲玲, 陈玉洁, 等, 2021. 公园城市视角下伦敦城市绿地建设实践 ［J］. 国际城市规划, 36（6）: 136-140.

中共成都市委关于深入贯彻落实习近平总书记来川视察重要指示精神加快建设美丽宜居公园城市的决定 ［EB/OL］. 中国经济网, http://district.ce.cn/ newarea/roll/2018. shtml.

中共中央文献研究室, 1986. 十二大以来重要文献选编（上）［M］. 北京: 人民出版社.

中共中央文献研究室, 1991. 十三大以来重要文献选编（上）［M］.

北京：人民出版社.

中共中央文献研究室，1996. 十四大以来重要文献选编（上）［M］. 北京：人民出版社.

中共中央文献研究室，2000. 十五大以来重要文献选编（上）［M］. 北京：人民出版社.

中共中央文献研究室，2005—2008. 十六大以来重要文献选编（上、中、下）［M］. 北京：人民出版社.

中共中央文献研究室，2008. 改革开放三十年重要文献选编（下）［M］. 北京：中央文献出版社.

中共中央文献研究室，2009. 十七大以来重要文献选编（上）［M］. 北京：中央文献出版社.

中共中央文献研究室，2011. 三中全会以来重要文献选编（上）［M］. 北京：中央文献出版社.

中共中央文献研究室，2014. 十八大以来重要文献选编（上）［M］. 北京：中央文献出版社.

中国风景园林学会，2022. 公园城市评价标准［M］. 北京：中国建筑工业出版社.

中央中央文献研究室，1987. 十一届三中全会以来重要文献选读（上）［M］. 北京：人民出版社.

周聪惠，2020. 公园绿地绩效的概念内涵及评测方法体系研究［J］. 国际城市规划，35（2）：73-79.

周恩来，1984. 周恩来选集（下）［M］. 北京：人民出版社.

朱海洋，2022. 基于 LEED-ND 对长三角路演中心低碳生态社区景观营造［J］. 上海建设科技（3）：109-113.

朱镕基，2011. 朱镕基讲话实录（第1卷）［M］. 北京：人民出版社.

朱镕基：中国空前重视环境保护［EB/OL］. 中央电视台，https://www.cctv.com/special/493/1/22326.html.

BROWNR D, CORRY R C, 2011. Evidence-based Landscape Architecture: The Maturing of a Profession［J］. Landscape and UrbanPlanning,（100）：327-329.

DEMING M E, SHUI M, 2015. Social & Cultural Metrics: Measuring the Intangible Benefits of Designed Landscapes. Landscape Architecture［J］.

(1), 99-109.

DEMING M E, SHUI M, 2015. Social & Cultural Metrics: Measuring the In-tangible Benefits of Designed Landscapes [J]. Landscape Architecture, (1), 99-109.

FRANCIS M, 1999. A case study method for landscape architecture [J]. Landscape Architecture Foundation, 20 (1): 15-29.

HAMILTON D K, WATKINS D H, 2009. EVidence—Based De-Sian for M-ultIPIe Building Types [M]. John Wiley&Sons, 9-250.

HOWARD E, 1965. Garden Cities of To-Morrow [M]. Cambridge, MA: MIT Press.

LI P, LIU B, Gao Y, 2018. An evidence-based methodology for landscape design [J]. Landscape Architecture Frontiers, 6, 93-101.

LIN B, CHEN W, 2011. Economic Performance Evaluation on Land Circul-ation in Modern Agricultural Planting Parks: Based on Survey Data in Chengdu [J]. Asian Social Science, 7 (12): 91-97.

PIERANUNZI D, STEINER F R, RIEFF S, 2017. Advancing Green Infrastructure and Ecosystem Services through the SITES Rating System [J]. Landscape Architecture Frontiers, 5 (1), 22-39.

PREISER W F E., RABINOWITZ H Z., WHITE E T, 1988. Post-Occupa-ncy Evaluation [M]. New York: Nostrand Reinhold.

SACKETT D L, STRAUSES S E, RICHARDSON W S, et al., 2000. Evidence—Bas-ed Medicine HOW to Practice and Teach EBM [M]. New York: Churchill Livingstone.

STICHLER J F, HAMILTON D K, 2008. Evidence-based design: What is it? [J]. HERD: Health Environments Research & Design Journal, 1 (2): 3-4.

WOLF I D, WOHLFART T, 2014. Walking, hiking a-nd running in parks: A multidisciplinary assessment of health and well-being bene-fits [J]. Landscape and Urban Planning, (130): 89-103.

YANG B, LI, S, BINDER, 2016. A Research Frontier in Landscape Arc-hitecture: Landscape Performance and Assessment of Social Benefits [J]. Landscape Research, 41 (3): 314-329.

YANG B, 2020. Landscape Performance Evaluation in Socio – Ecological Pra – ctice: Current Status and Prospects [J]. Socio – Ecological Practice Research, 2 (1): 91–104.

YANG B, BLACKMORE P, BINDER C, 2015. Assessing Residential Landscape Performance: Visual and Bioclimatic Analyses through In – Situ Data [J]. Landscape Architecture, (1), 87–98.

YANG B, LI S, WALL H A, BLACKMORE P, et al., 2015. Green Infrastructure Design for Improving Stormwater Quality: Daybreak Community in the United Sta – tes West [J]. Landscape Architecture Frontiers, 3 (4), 12–21.

附　录

附录A　兴隆湖公园乔木种植表

序号	植物名称	胸径（cm）	数量（株）	总量（株）	占比
1	无患子	45	12	29	0.18%
		40	17		
2	朴树	50	5	1 031	6.57%
		45	89		
		40	136		
		35	46		
		30	3		
		12	752		
3	皂荚	55	24	85	0.54%
		45	46		
		33	15		

序号	植物名称	胸径（cm）	数量（株）	总量（株）	占比
4	银杏	70	14	1 329	8.47%
		50	11		
		45	35		
		40	16		
		35	46		
		30	12		
		12	1 195		
5	多头香樟	20	9	16	0.10%
		60	7		
6	香樟	55	11	814	5.19%
		50	5		
		45	20		
		42	252		
		38	429		
		25	97		
7	黄连木	48	54	113	0.72%
		40	59		
8	黄葛树	70	34	152	0.97%
		60	31		
		55	10		
		45	9		
		40	15		
		30	53		

序号	植物名称	胸径（cm）	数量（株）	总量（株）	占比
9	蓝花楹	35	37	275	1.75%
		30	35		
		25	36		
		20	16		
		12	151		
10	栾树	35	4	1 301	8.29%
		30	205		
		25	10		
		20	7		
		15	1 075		
11	多头椿	20	98	98	0.62%
12	柳树	25	37	37	0.24%
13	红花羊蹄甲	35	15	37	0.24%
		20	22		
14	茶条槭	38	17	39	0.25%
		32	22		
15	大叶樟	45	9	69	0.44%
		40	12		
		35	40		
		30	8		
16	榕树	35	3	9	0.06%
		25	6		
17	小叶榕	25	9	9	0.06%
18	刺槐	35	897	899	5.73%
		25	2		
19	金合欢	18	61	61	0.39%

序号	植物名称	胸径（cm）	数量（株）	总量（株）	占比
20	银桦	35	11	23	0.15%
		30	12		
21	酸枣	35	3	3	0.02%
22	丛生银桂	18	39	82	0.52%
		12	43		
23	桃花	12	280	423	2.69%
		15	95		
		30	48		
24	樱花	14	127	173	1.10%
		9	46		
25	紫玉兰	8	268	338	2.15%
		12	70		
26	红梅	18	113	266	1.69%
		15	72		
		12	81		
27	红花碧桃	12	300	334	2.13%
		8	34		
28	杏树	12	48	48	0.31%
29	水杉	15	1 094	1 094	6.97%
30	元宝枫	16	12	231	1.47%
		12	219		
31	象牙红	22	38	38	0.24%
32	白玉兰	15	491	515	3.28%
		10	24		
33	木芙蓉	14	145	204	1.30%
		10	59		
34	香花槐	20	33	33	0.21%

序号	植物名称	胸径（cm）	数量（株）	总量（株）	占比
35	红叶李	15	316	331	2.11%
		8	15		
36	乐昌含笑	18	144	268	1.71%
		15	124		
37	广玉兰	15	355	392	2.50%
		12	37		
38	垂丝海棠	8	129	129	0.82%
39	紫薇	8	34	155	0.99%
		5	121		
40	照手桃	8	46	46	0.29%
41	罗汉松	10	9	9	0.06%
42	南洋杉	10	4	4	0.03%
43	黑松	15	2	7	0.04%
		10	5		
44	贴梗海棠	3	36	36	0.23%
45	木槿	8	18	18	0.11%
46	桢楠	12	184	184	1.17%
47	腊梅		23	23	0.15%
48	黄花槐	8	66	122	0.78%
		5	56		
49	红枫	6	18	90	0.57%
		4	72		
50	丛生杨梅	17	6	12	0.08%
		15	6		
51	花石榴	17	142	142	0.90%
52	枫香	15	27	347	2.21%
		10	320		

序号	植物名称	胸径（cm）	数量（株）	总量（株）	占比
53	梨树	12	34	34	0.22%
54	樱花	13	246	308	1.96%
		18	62		
55	紫荆	5	44	44	0.28%
56	乌桕	12	336	336	2.14%
57	马尾松	5	1 821	1 821	11.60%
58	马褂木	10	71	71	0.45%
59	垂柳	45	18	76	0.48%
		35	18		
		20	40		
60	桂花	35	2	2	0.01%
61	枫杨	30	5	8	0.05%
		25	3		
62	天竺桂	10	158	158	1.01%
63	晚樱	13	118	118	0.75%
64	皂角	42	4	8	0.05%
		35	4		
65	椿树	25	16	34	0.22%
		22	18		
66	西府海棠	10	80	80	0.51%
67	碧桃	8	1	1	0.01%
68	臭椿	15	34	34	0.22%
69	女贞	18	40	40	0.25%

附录 B 兴隆湖公园水鸟名录

序号	名称	类型	居留型	食性	其他
1	鹊鸭	游禽类	冬候鸟	杂食性	
2	凤头潜鸭	游禽类	冬候鸟	杂食性	
3	白眼潜鸭	游禽类	冬候鸟	杂食性	
4	绿翅鸭	游禽类	冬候鸟	杂食性	
5	针尾鸭	游禽类	冬候鸟	杂食性	
6	斑嘴鸭	游禽类	冬候鸟	杂食性	
7	赤颈鸭	游禽类	冬候鸟	杂食性	
8	赤膀鸭	游禽类	冬候鸟	杂食性	
9	赤麻鸭	游禽类	冬候鸟	杂食性	
10	翘鼻麻鸭	游禽类	冬候鸟	杂食性	
11	罗纹鸭	游禽类	冬候鸟	杂食性	近危
12	绿头鸭	游禽类	冬候鸟	杂食性	
13	琵嘴鸭	游禽类	冬候鸟	杂食性	
14	花脸鸭	游禽类	冬候鸟	杂食性	
15	红头潜鸭	游禽类	冬候鸟	杂食性	
16	青头潜鸭	游禽类	冬候鸟	杂食性	极危
17	斑背潜鸭	游禽类	冬候鸟	杂食性	
18	普通秋沙鸭	游禽类	冬候鸟	杂食性	
19	红胸秋沙鸭	游禽类	冬候鸟，漂鸟/迷鸟	杂食性	
20	骨顶鸡	游禽类	夏候鸟	杂食性	
21	黑水鸡	游禽类	夏候鸟	杂食性	
22	凤头麦鸡	涉禽类	旅鸟	杂食性	
23	黑翅长脚鹬	涉禽类	旅鸟	杂食性	
24	林鹬	涉禽类	旅鸟	杂食性	

序号	名称	类型	居留型	食性	其他
25	青脚鹬	涉禽类	旅鸟	杂食性	
26	鹤鹬	涉禽类	旅鸟	杂食性	省级重点保护野生动物
27	扇尾沙锥	涉禽类	旅鸟	杂食性	
28	红脚鹬	涉禽类	旅鸟	杂食性	
29	白腰草鹬	涉禽类	旅鸟	杂食性	
30	矶鹬	涉禽类	旅鸟	杂食性	
31	金眶鸻	涉禽类	旅鸟	杂食性	
32	黑颈䴙䴘	游禽类	旅鸟，冬候鸟	杂食性	省级重点保护野生动物
33	凤头䴙䴘	游禽类	旅鸟，冬候鸟	杂食性	省级重点保护野生动物
34	小䴙䴘	游禽类	冬候鸟	肉食性	省级重点保护野生动物
35	红嘴鸥	游禽类	旅鸟	杂食性	
36	黑尾鸥	游禽类	旅鸟	杂食性	
37	普通鸬鹚	游禽类	旅鸟	肉食性	省级重点保护野生动物
38	夜鹭	涉禽类	夏候鸟	肉食性	
39	牛背鹭	涉禽类	夏候鸟	肉食性	
40	苍鹭	涉禽类	夏候鸟，冬候鸟	肉食性	
41	草鹭	涉禽类	旅鸟	肉食性	
42	大白鹭	涉禽类	旅鸟，冬候鸟	肉食性	
43	白鹭	涉禽类	夏候鸟，留鸟	肉食性	

附录 C 天府新区兴隆湖公园景观绩效评价调查问卷

亲爱的市民朋友，您好！

我们是来自四川大学锦江学院与四川大学的联合调研团队，目前正在做一项关于兴隆湖公园景观绩效评价的研究。希望您能抽出宝贵的时间帮助我们完成调研，以此作为学术研究和政策提升的参考。

此调查为探索性研究，调研数据均仅供科研使用，对于您所提供的资料，我们将根据《中华人民共和国统计法》第三章第十五条规定，予以严格保密！所有调查数据将在四川大学统一录入汇总，感谢您的配合！

一、个人基础信息

1、您的性别？

□男　□女

2、您的年龄？

□18 岁及以下　□19-44 岁　□45-59 岁　□60 岁及以上

3、您通常和谁一同游览兴隆湖公园？

□单独前往　□和家人同行　□和恋人同行　□和亲朋好友同行
□其他＿＿＿＿＿＿

4、您的身份属于以下哪种类别？

□兴隆湖周边办公人群　□兴隆湖周边居民　□成都市内居民（除天府新区）　□外地游客

5、您前往兴隆湖公园游览的频率？

□第一次来　□每天一次　□每周一次　□每月一次　□每半年一次或更久

6、您平时以哪种交通方式到达兴隆湖公园？

□步行　□骑车　□公共交通（地铁、公交）　□驾车
□其他＿＿＿＿＿＿

7、您前往兴隆湖公园的途中需耗费多少时间？

□10 分钟内　□10—30 分钟　□30—60 分钟　□1—2 小时　□2 小时

以上

8、您在兴隆湖公园一般停留多长时间？

□2 小时以内　□2—4 小时　□4—6 小时　□超过 6 小时

二、基本使用情况

1、您在兴隆湖公园通常开展哪些活动？（可多选）

休闲娱乐：□放风筝　□露营　□野餐　□遛狗　□唱歌　□摄影
□其它_____

运动健身：□跑步　□骑行 □散步 □篮球　□乒乓球　□羽毛球
□健身器械　□广场舞　□其它_____

社交赏景：□聊天　□赏景　□其它_____

2、兴隆湖公园是否有利于拓展您社会交往的途径？

□非常有利于 □有利于　□差不多　□不利于　□非常不利于

3、兴隆湖公园是否有利于您的生活方式？

□非常有利于　□有利于　□差不多　□不利于　□非常不利于

4、兴隆湖公园是否有利于提升您的归属感？

□非常有利于　□有利于　□差不多　□不利于　□非常不利于

5、您是否参加过园内举办的活动？

□听说过未参加　□未听说未参加　□参加过

6、您是否参观过天府新区公园城市展厅？

□是　□否（跳转至第 8 题）

7、通过参观展厅，您是否对公园城市理念、习近平生态文明思想以及多元城市理念有了一定认知？

□是　□否

8、您是否阅览过园内的科普标识牌上的内容？

□是　□否

9、您希望兴隆湖公园未来增加什么设施？（可多选）

□暂时不需要　□休憩座椅　□健身器材　□球类场地　□儿童设施
□游乐设施　□垃圾桶　□卫生间　□无障碍通道　□避雨设施　□遮阳设
施　□售货亭　□指示牌　□直饮水　□景观设施　□安全设施　□其
它_____

三、评价部分

类别	评价项目	评价标准（请在对应的空白处勾选）				
		非常 不满意	比较 不满意	一般	比较 满意	非常 满意
娱乐活动与社交	游憩体验					
	活动场地大小适宜性					
	场地功能多样性					
	活动设施完备度					
	照明设施（道路灯、草坪灯、景观灯、庭院灯、投射灯、埋地灯、华灯等）					
	休憩设施（休息坐具、观景亭廊等）					
	卫生设施（公共卫生间、垃圾箱、烟灰器、饮水及清洗台等）					
健康优质生活	锻炼身体					
	场地安全程度					
	心理治疗					
	安全感					
教育价值	教育项目内容					
	教育活动成效					
风景质量	整体景观视觉感受					
	植物种类					
	植物季相（指植物在一年四季中表现的不同景貌）					
	道路铺装（路面材质）					
	湖水景观（由水及岸线自然地貌、人文设施所形成的景观）					

类别	评价项目	评价标准（请在对应的空白处勾选）				
		非常 不满意	比较 不满意	一般	比较 满意	非常 满意
交通	可达性（从出发地到达公园的难易程度、可进入性）					
	步行系统品质					
	骑行系统品质					
使用公平	公众参与度（在规划、设计、建设、管理等阶段提供意见、建议、服务等）					
	无障碍设施（无障碍卫生间、无障碍园路、无障碍标识牌、无障碍停车位等）					

后 记

"岁暮阴阳催短景，天涯霜雪霁寒宵。"提笔撰文至今，寒来暑往，我与本书都在不断成长。嗟叹风景园林的一级学科已经消逝，公园城市至今更多停留在政策层面与学术研究领域，试图"以小见大"的拙作也许注定是一本"小众读物"，或许终将停留在"只见树叶、不见森林"的技术层面。

人类是休戚与共的命运共同体，中国始终坚定维护多边主义，积极参与全球环境治理，将"坚持人与自然和谐共生"作为新时代坚持和发展中国特色社会主义的基本方略之一，致力为保护地球家园作出新的更大贡献。公园城市理念作为马克思主义生态观的最新成果，凝结着中国共产党人处理人与自然关系的智慧和经验，在尊重自然、顺应自然、保护自然的同时，实现环境、社会与经济效益的高度统一。从"公园城市首提地"到"建设践行新发展理念的公园城市示范区"，天府新区被赋予探索人与自然和谐共生的中国式现代化道路的时代重任，这是基于对天府新区独特生态本底、社会和谐稳定、经济创新活跃、文化多元繁荣、人民富足安康、国家战略作用的深切期许，需要巧用要素供给为笔，善用资金安排为墨，稳用项目布局为纸，交上一份令人民群众满意的时代答卷。行百里者半九十，有了先进科学的价值理念，也要有咬定青山的坚强意志，更要有求真务实的行动举措。从建立公园城市的政策支撑体系，到构建公园城市的指标评价体系，再到完善公园城市的规划导则体系，内化于心，外化于行，绝非一日之功，富有成效，复制推广，绝非一日之寒，实属不易，难能可贵！

行笔至此，我内心的感激之情油然而生。首先，要感谢我的母校四川大学建筑与环境学院各位老师的栽培与教导，风趣幽默的胡昂老师，和蔼可亲的周波老师，温文尔雅的牛韶斐老师，孜孜不倦的干晓宇老师，春风化雨的毛颖老师，无不给我留下了满满回忆，让我在学术上的探索从懵懂走向成熟，正是你们一次次耐心的指导与点拨，使得拙作从选题定期、实地调研、数据分析直至撰写修订得以按计划顺利进行。其次，要感谢我的领导与各位同事，四川大学锦江学院艺术学院院长胡绍中教授、副院长王少文教授，有了你们的指导、支持和厚爱，才有拙作最终的完成。同时，要感谢中国市政工程西南设计研究总院有限公司的邱寒总工提供了珍贵翔实、精确可靠的兴隆湖公园一手数据和现场资料；要感谢活泼开朗的魏嘉馨师妹和严谨认真的郑宇恒同学，是你们的辛勤付出让拙作的呈现样式变得丰富多彩；要感谢高中母校山东省鱼台县第一中学的郭继斌、丁玉萍、蔡防震三位老师对本书语言文学的严谨校对；还要感谢亲朋好友给予我无微不至的关怀，让我自始至终感受到温暖。最后，本书在编撰出版过程中得到了西南财经大学出版社的鼎力相助，何春梅老师的耐心与细致让我受益匪浅，在此谨致谢意！谢谢你们，让我无惧未来，不负韶华，砥砺前行！此外，书中还有少许文字与图片的出处可能未列入参考文献，这些作者如有发现，请与本书作者联系。

由于笔者的水平能力与时间精力有限，难以做到面面俱到、尽善尽美，书中难免有疏漏和不足之处，恳请广大读者提出宝贵意见，以便在今后修订中改正。

郭仲薇

2024 年 6 月